U0381165

扬州市水利工程
全生命周期碳减排路径技术指南

葛恒军　张　伟　洪继龙 ◎ 编著

河海大学出版社
HOHAI UNIVERSITY PRESS
·南京·

图书在版编目(CIP)数据

扬州市水利工程全生命周期碳减排路径技术指南 /
葛恒军，张伟，洪继龙编著. -- 南京：河海大学出版社，
2024. 12. -- ISBN 978-7-5630-9503-2

Ⅰ. TV-62

中国国家版本馆 CIP 数据核字第 20240EC625 号

书　　名	**扬州市水利工程全生命周期碳减排路径技术指南**
书　　号	ISBN 978-7-5630-9503-2
责任编辑	金　怡
特约校对	张美勤
装帧设计	张育智　刘　冶
出版发行	河海大学出版社
地　　址	南京市西康路 1 号（邮编：210098）
网　　址	http://www.hhup.com
电　　话	(025)83737852(总编室)　(025)83787103(编辑室)
	(025)83722833(营销部)
经　　销	江苏省新华发行集团有限公司
排　　版	南京布克文化发展有限公司
印　　刷	广东虎彩云印刷有限公司
开　　本	787 毫米×1092 毫米　1/16
印　　张	9.75
字　　数	186 千字
版　　次	2024 年 12 月第 1 版
印　　次	2024 年 12 月第 1 次印刷
定　　价	89.00 元

目录
Contents

1

总则

1.1 编制目的

低碳、减排、绿色、环保已成为世界新的关注点,气候的变化及其不利影响已是人类共同关心的问题。党的二十大报告指出"推动绿色发展,促进人与自然和谐共生""尊重自然、顺应自然、保护自然是全面建设社会主义现代化国家的内在要求",再次强调"积极稳妥推进碳达峰碳中和",要求推进各领域清洁低碳转型和完善碳排放核算制度。《中华人民共和国国民经济和社会发展第十四个五年规划和 2035 年远景目标纲要》也将单位 GDP 能源消耗、单位 GDP 二氧化碳排放、森林覆盖率等作为约束性指标列入经济社会发展考核指标中。

实现碳达峰、碳中和是以习近平同志为核心的党中央统筹国内国际两个大局作出的重大战略决策,是着力解决资源环境约束突出问题、实现中华民族永续发展的必然选择。为贯彻党中央、国务院关于碳达峰碳中和的决策部署,2022 年江苏省委、省政府印发《关于推动高质量发展做好碳达峰碳中和工作的实施意见》,提出要坚决遏制"两高"项目盲目发展,狠抓绿色低碳技术攻关,到2030 年二氧化碳排放量达到峰值并实现稳中有降,2060 年如期实现碳中和目标。为全面落实省委、省政府要求,江苏省水利厅研究制定并下发了《关于加强水利领域碳达峰碳中和工作的实施意见》(苏水计〔2022〕32 号),明确江苏省水利领域碳达峰碳中和工作的总体目标、主要任务和对策举措,推动水利行业碳达峰碳中和进程。

扬州市地处江淮交汇处,境内地形以平原圩区为主,河流水系发达,水利工程数量众多。根据第一次全国水利普查数据,全市现有水利工程普查对象36 381 个,其中水库工程 112 座、水电站工程 1 座、水闸工程 2 930 座、橡胶坝工程 7 座、泵站工程 12 203 处、堤防工程 622 处、农村供水工程 233 处、塘坝工程20 273 处。根据党中央、国务院和省委、省政府关于碳达峰碳中和工作决策部署,水利工程低碳降碳将成为今后很长一段时期水利工作的重点。作为一项全新的工作任务,已有的工作基础非常薄弱,迫切需要开展一系列相关研究,为今后全市开展水利工程低碳降碳工作提供技术支撑。

1.2 碳减排工作原则

当前开展水利工程碳减排工作应遵循以下原则。

1. 统筹谋划、系统推进。

坚决落实中央和省委统一部署,坚持贯彻全省上下一盘棋,强化通盘谋划、全面部署、分类施策、系统推进、综合治理,压实各方责任,逐步实现"双碳"目标。

2. 节水优先、绿色发展。

把集约节约利用水资源放在首位,大力实施国家节水行动,建设节水型社会,持续降低单位产出水资源消耗和碳排放,提高投入产出效率,倡导绿色低碳生产、生活方式,拧紧碳排放控制阀门。

3. 改革创新、双轮驱动。

坚持有为政府和有效市场相结合,科技、产业和制度创新协同并进,增强原始创新支撑能力,全面加快水利数字化,完善激励约束机制,构建绿色低碳创新体系。

4. 防范风险、安全为要。

处理好节能减污降碳和防洪安全、供水安全、粮食安全、生态安全及群众正常生活的关系,有效防范、有力应对绿色低碳转型可能伴随的相关风险,防止过度反应,确保安全降碳。

1.3 碳减排工作目标

至 2025 年,水资源的严格管理机制将完全确立,推动节水社会的建设进入更深层次,水资源分配结构将进一步完善。全市在水利建设方面实现绿色低碳循环发展的体制框架将基本形成,建设模式向绿色转型的成果开始显现。河流湖泊的保护区域将得到有效维护,河湖生态系统的恢复速度将加快,水利领域的低碳技术革新能力将有显著增强。届时,每万元国内生产总值的用水量将较 2020 年减少 17%,每万元工业增加值的用水量将减少 19%,农田灌溉水的有效利用率将提升至 0.625 或更高,非传统水源的替代比例将达到 2.45%,重要河湖的生态水位(流量)保障率将达到 90% 以上。

展望至 2030 年,一个配置合理、集约安全的水资源高效利用系统将基本成型,水利工程建设的绿色转型成果将更加显著,河湖水域的保护将全面实施,河湖生态系统的固碳能力将大幅提升,水利行业的减碳效果将全面达标,绿色发展理念将在全社会深入人心。

远眺至 2060 年,一个绿色低碳循环的水资源利用体系和一个清洁低碳、安全高效的水利工程建设运营体系将全面建成。水资源利用的效率将达到国际领先水平,人与水和谐共生的局面将得以实现,河湖生态系统将成为平衡碳排放的关键组成部分,确保河湖资源的可持续利用。

1.4 适用范围

本指南结合扬州市的地域特点,探讨了典型水利工程全生命周期碳减排的各项措施,扬州市内的各类水利工程均可参考。

1.5 一般要求

完整、准确、全面贯彻新发展理念,科学处理发展和减排、短期和中长期的关系,突出标准引领作用,深挖节能降碳技术改造潜力,加快推进水利行业节能降碳步伐,带动全行业绿色低碳转型,确保如期实现碳达峰目标。

碳排放核算

2.1 碳足迹概念

碳足迹源自生态足迹的理念,如今已演变成一个独特的概念,指产品全生命周期中所产生的温室气体或二氧化碳的总排放量。这不仅涵盖了在生产、取暖和运输过程中由于化石燃料燃烧而直接释放的气体,还包括了在生产和消费各类商品及服务时所引发的间接碳排放。

通过衡量碳足迹,我们可以评估人类活动对自然环境的具体影响,并为个人和各类实体设定减排的起点。这一指标为我们提供了一个清晰的视角,帮助我们了解和量化日常的生活方式和商业实践对全球气候变化的实际贡献,进而指导我们采取有效的措施来减少负面影响。

2.2 核算标准及度量单位

本指南采用的碳排放核算标准为 2018 年国际标准化组织发布的 ISO 14067:2018《温室气体 产品碳足迹 量化要求和指南》,这一标准为评估产品的碳排放提供了全球统一的规范。

在该标准中,产品碳足迹的定义为:基于生命周期法评估得到的一个产品体系中温室气体排放和清除的总和,以二氧化碳当量(CO_2eq)表示其结果。

2.3 核算周期

本指南采用全生命周期核算的方法,对项目从启动阶段直至废弃阶段的全部信息实施集中管理。在国际上,工程全生命周期管理的研究起步较早,在20 世纪 70 年代以后,一些拥有深厚学术背景的发达国家的专业工程师开始倡导这一理念。进入 21 世纪,英国以全生命周期理论为核心,融合了技术和经济管理的要素,创立了综合工程学,通过全生命周期的视角,最大化工程的经济价值。与此同时,日本政府也设立了专门的机构,致力于推广工程项目的全生命周期管理,并逐步将其发展成为一套成熟的工程项目成本管理理论和实践体系。

近年来我国也认识到工程项目全生命周期管理的重要性,开始采纳并推广这种管理方法,使得各类工程项目能够从中获益,实现投资回报的最大化。通过采用这种方式,管理者能够在项目的各个阶段做出更为明智的决策,确保资源的最优分配,推动项目的成功和经济效益的持续增长。

按照全生命周期理论,可将水利工程划分为六个阶段,如下图所示。

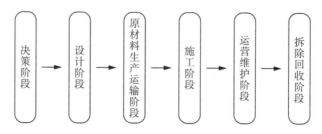

图 2.1　全生命周期阶段划分图

决策阶段在工程全生命周期中起到了奠基石的作用,它是整个项目启动的关键一步。在这一阶段,决策者需要依据可行性研究以及战略规划,决定项目实施与否,并确定其一系列关键的技术经济指标。这些指标将为后续的设计、施工、材料采购、运营维护乃至拆除回收等所有阶段提供明确的方向和依据。决策阶段的精准性和前瞻性直接影响到项目的前景,因此,它不仅是全生命周期中最为核心的阶段之一,也是确保项目顺利进行的基石。若在该阶段直接明确碳排放指标,将对水利工程全生命周期中的碳排放产生最为深远的影响。

设计阶段在工程全生命周期中起到支撑的作用。这一阶段的任务是基于决策阶段所确定的项目投资额和技术经济指标,精心规划和细化项目的蓝图,确保所提出的设计方案既能够完美契合工程的功能性需求,又能在成本控制、碳排放等指标之间达到最佳平衡点。设计阶段的工作成果将为后续的施工、材料采购以及设备的选型和布局等环节提供详尽的指导,确保项目能够高效、经济地向前推进。

原材料生产运输阶段在工程全生命周期中扮演着桥梁的角色。这一阶段的核心任务是根据设计要求,精准地选择和采购所需的建筑材料。同时还需要规划合理的物流方案,确保这些物资能够及时、安全、低碳地运输至施工现场。在该阶段确定行之有效的减排策略,可倒逼上游供应链使用低碳或可再生能源、采用清洁生产技术以及推广绿色物流和运输模式。

施工阶段是工程全生命周期中的执行阶段,其重要性不言而喻。应合理选择、利用和处理建筑材料,使其符合绿色经济理论,有利于保护生态环境,减少环境污染。在控制成本的基础上保证施工质量,以确保整个工程项目在生命周期内完成安全、质量、成本、进度这四个目标。

运营维护阶段是实现工程项目全生命周期目标的重要保障,应制定科学的运营方案对项目进行统一管理,具体包括节能管理、绿化管理、智能化管理等,在保持工程高效运行的同时应尽量降低该阶段的成本。

拆除回收阶段虽然在工程全生命周期中出现的时间较晚,但其意义也很重大。当工程设施达到使用年限或因其他原因需要退役时,这一阶段的任务就是安全、环保地进行拆除,并对可回收资源进行有效利用。拆除回收阶段的工作有助于减少环境污染,促进资源的循环利用,体现了可持续发展的理念。

2.4 碳排放核算办法

为反映产品或活动在生命周期内的碳足迹,现有研究主要采用了三种不同但相关的核算方法:投入产出分析,生命周期评价,以及混合生命周期评价。

2.4.1 投入产出分析(IOA)

投入产出分析法最早由美国经济学家于 1936 年提出。该法主要通过编制投入产出表及建立相应的数学模型来反映经济系统下各部门的关系。

结合温室气体排放数据后,投入产出分析法可用于计算各部门为终端用户生产产品或提供服务而在整个生产链上引起的温室气体排放量,计算公式见式(2.1):

$$B = b \cdot (I - A)^{-1} \cdot Y \tag{2.1}$$

式中:B 为各部门为满足最终需求 Y 而引起的温室气体排放量,包括直接排放和间接排放;b 为直接排放系数矩阵,其元素代表某部门每单位货币产出直接排放的温室气体量;I 为单位矩阵;A 为直接消耗系数矩阵;Y 为最终需求向量。

投入产出分析策略作为一种自顶层向下渗透的途径,为评估碳足迹提供了一种全面的视角。它构筑于整个宏观经济体系的框架内,展现出一种包罗万象的特性。此法的一大亮点在于其高效性,能够在节约大量人力与物力资源的同时,完成对宏观层面碳足迹的精确计算与深入剖析,因而成为宏观体系研究中的一个宝贵工具。

迄今为止,学术界的众多探索者已成功运用这一先进手段,对包括中国、美国、英国、澳大利亚在内的多个国家以及全球范围内的碳足迹进行了详尽的量化与解析,为理解全球碳循环及各国碳排放责任提供了坚实的实证基础。

然而,投入产出分析法亦非无所不能,其局限性体现在对微观层面分析的不适应性。由于该方法依赖于行业平均水平的排放强度数据,忽略了企业或产品层面的具体差异,在细微处其精准度略显不足。此外,面对全球化背景下的贸易活动,特别是进口商品与资本货物所隐含的温室气体排放,投入产出分析法往往难以穿透复杂的供应链迷雾去精确捕捉并衡量这些"隐形"排放,构成了其在实践应用中的又一挑战。尽管存在这些局限,投入产出分析法依然是当前碳足迹研究领域中不可或缺的重要工具,持续推动着我们对碳减排路径与可持续发展模式的深入探讨与实践。

2.4.2　生命周期评价(LCA)

生命周期评价指分析一项产品在生产、使用、废弃及回收再利用等各阶段造成的环境影响,包括能源使用、资源消耗、污染物排放等。该方法包含四个部分,分别是:目标和范围定义、清单分析、影响评价和结果解释。

采用生命周期评价法核算碳足迹时需要考虑方法和数据两方面的不确定性。首先应选择合适的核算方法,包括建模方法的选择、资本商品的处理以及土地利用变化的处理等,它们会对最终结果产生显著影响。其次,应确保数据质量达到 ISO 14040 标准,包括准确性、代表性、一致性、可再现性、数据源以及信息不确定性等。

生命周期评价是自下而上计算碳足迹的一种方法,分析结果具有针对性,适合于微观系统的碳足迹核算。已有学者利用该方法对卫生设备、铲车、制水、小型社区、小型经济体及生物能源等进行了碳足迹核算。同时,为规范和促进碳足迹核算在企业中的应用,国际标准化组织、英国标准协会和世界资源研究所已制定或正在制定组织和产品碳足迹核算的标准。不过,生命周期评价法存在边界问题,即只有直接的和少数间接的影响被考虑在内,结果存在截断误差。另外,为获取详细的清单数据,投入的人力、物力资源较大。

2.4.3　混合生命周期评价(H-LCA)

为了结合投入产出分析法及生命周期评价法的优点,有学者提出并发展了混合生命周期评价法。该方法将投入产出分析和生命周期评价整合在同一分析框架内。

混合法的计算公式见式(2.2)。

$$B' = \begin{bmatrix} \tilde{b} & 0 \\ 0 & b \end{bmatrix} \begin{bmatrix} \tilde{A} & M \\ L & I-A \end{bmatrix}^{-1} \begin{bmatrix} k \\ 0 \end{bmatrix} \tag{2.2}$$

其中:B' 为分析对象的温室气体排放量;b 为微观系统的直接排放系数矩阵;A 为技术矩阵,表示分析对象在生命周期各阶段的投入与产出;L 表示宏观经济系统向分析对象所在的微观系统的投入，与投入产出表中的特定部门相关联；M 表示分析对象所在的微观系统向宏观经济系统的投入；k 为外部需求向量。

由于分析对象在生命周期各阶段的投入产出均可通过技术矩阵加以表示，因此微观系统的特定过程与宏观经济部门之间的联系可以在一个统一的框架下加以描述。这种方法既保留了生命周期评价法具有针对性的特点，又避免了截断误差，同时也能有效利用已有的投入产出表，减少了碳足迹核算过程中的人力、物力投入，适用于宏观和中微观各类系统的分析。

2.4.4　核算方法选择

ISO 14067 采用生命周期评价(LCA)方法来进行产品碳足迹核算，与其他两种方法相比，其具有以下几项显著优点。

1. 全面性：LCA 涵盖了产品的整个生命周期，从原材料提取、生产、运输、使用直到废弃处理和回收利用，确保了评估的全面性和完整性。这种方法能够揭示产品在其整个存在期间对环境造成的所有潜在影响，而不仅仅是某个单一阶段。

2. 标准化与可比性：ISO 14067 提供了一个统一的、国际认可的标准框架，使得不同产品、不同公司甚至不同国家之间的碳足迹可以进行直接比较，提高了数据的透明度和可比性，有助于公平竞争和市场透明。

3. 科学依据：LCA 基于严格的科学方法，包括量化数据收集、系统边界设定、影响类别选择和结果解释等步骤，确保了评估结果的客观性和准确性。

2.5　碳排放量化计算

2.5.1　决策与设计阶段

决策与设计阶段的温室气体排放主要源于设计过程中的能源消耗和资源消耗。通常来说，相对于工程项目全生命周期，决策与设计阶段的周期短，温室气体排放量相对较少。决策与设计阶段的碳足迹计算公式如下：

$$E_{SJ} = \sum_{i=1}^{n} AD_i \times CC_i \tag{2.3}$$

式中：E_{SJ} 为工程项目决策与设计阶段的碳排放量；AD_i 为工程项目决策与设计阶段 i 项能源的消耗量；CC_i 为工程项目决策与设计阶段 i 项能源的排放因子。

通常来说,决策和设计阶段的碳足迹相对于工程项目全生命周期的碳足迹来说占比很少。但该阶段的碳足迹研究非常重要。一方面,决策和设计阶段是工程项目全生命周期必不可少的一个阶段;另一方面,该阶段的相关设计理念决定了工程项目的形式、规模、结构和所用材料等,对后续施工建造、使用维护和拆除废弃各个阶段的碳足迹影响极大,且设计成果一旦付诸实践,就很难进行变更。因此,该阶段必须加以重视。

2.5.2 原材料生产运输阶段

原材料生产运输阶段主要包括两个部分,分别为原材料生产阶段和原材料运输阶段。

原材料生产阶段碳排放计算的边界是从建筑材料的原材料开采开始,到建筑材料出厂为止。建材生产阶段碳排放计算按下式进行:

$$E_{sc} = \sum_{i=1}^{n} M_i \times F_i \tag{2.4}$$

式中:E_{sc} 为建材生产阶段碳排放量;M_i 为第 i 种主要建材的消耗量;F_i 为第 i 种主要建材的碳排放因子。

原材料运输过程主要考虑将建材、设备机械等固体物资运送至施工现场所产生的碳排放量。建材运输阶段碳排放计算按下式进行:

$$E_{ys} = \sum_{i=1}^{n} M_i \times D_i \times T_i \tag{2.5}$$

式中:E_{ys} 为建材运输过程的碳排放量;M_i 为第 i 种主要建材的消耗量;D_i 为第 i 种建材的平均运输距离;T_i 为第 i 种建材的运输碳排放因子。

由于水利工程使用的建筑材料种类众多,无法也没有必要对其全部进行统计和计算,因此,在实际计算过程中,尽量选取使用量较大或温室气体排放量较大的材料进行计算分析,如砂石、石灰、木材、钢材、水泥、混凝土、砌体材料、玻璃、建筑陶瓷和PVC等。

2.5.3 施工阶段

建造施工阶段的碳足迹主要包含三个部分:施工机械设备使用过程中能源消耗所产生的温室气体排放,现场施工与办公照明用电所产生的温室气体排放,以及现场工人生活用电所产生的温室气体排放。计算公式如下:

$$E_{sg} = \sum_{i=1}^{n} Q_i \times C_i \qquad (2.6)$$

式中：E_{sg} 为工程施工阶段的碳排放量；Q_i 为工程施工阶段 i 项能源消耗的量；C_i 为 i 项能源的排放因子。

2.5.4 运营维护阶段

运营维护阶段的碳排放主要包括两个方面，分别是工程运营阶段的碳排放和工程维护阶段的碳排放。

1. 工程运营阶段

工程运营阶段的碳排放量主要考虑照明、空调等电器使用过程中的能源消耗以及日常生活使用的天然气所产生的温室气体排放，其计算公式如下：

$$E_{yy} = \sum_{i=1}^{n} Q_i \times C_i \qquad (2.7)$$

式中：E_{yy} 为工程运营阶段的碳排放量；Q_i 为工程运营阶段的第 i 项能源消耗的量；C_i 为工程运营阶段的第 i 项能源的排放因子。

2. 工程维护阶段

工程维护是指因工程材料、构件或设备老化导致的维护或全面更换。水利工程部件和工程设备（水泵、电动机、闸门、启闭机、电气设备等）的使用寿命一般都小于水利工程的使用寿命，在水利工程生命周期内存在更换的可能。这些被更换的建筑材料、构件或设备的生产、加工、运输、施工和安装都会产生碳排放，其详细计算公式为

$$E_{wh} = \sum_{i=1}^{n} (CM_{ri} + CM_{ti} + CM_{ci}) \times M_i \times R_i \qquad (2.8)$$

式中：E_{wh} 为水利工程维护阶段的温室气体排放量；CM_{ri} 为第 i 种建材或设备生产的碳排放因子；CM_{ti} 为第 i 种建材或设备运输的碳排放因子；CM_{ci} 为第 i 种建材或设备加工和施工安装的碳排放因子；M_i 为第 i 种建材或设备的重量；R_i 为第 i 种建材或设备的更换次数，应取整数。

2.5.5 拆除回收阶段

拆除回收阶段的碳排放主要包括拆解过程中产生的碳排放和废旧建材运输产生的碳排放。

1. 拆解过程阶段

水利工程拆解阶段的碳排放量应根据拆解过程中各种施工设备燃料消耗量及对应的燃料碳排放因子计算,计算公式如下:

$$E_{cc} = \sum_{i=1}^{n} AD_i \times EF_i \tag{2.9}$$

式中:E_{cc} 为废旧建材拆除过程中的碳排放量;AD_i 为拆除水利工程过程中第 i 种燃料消耗量;EF_i 为第 i 种燃料的碳排放因子。

2. 废旧建材运输阶段

废旧建材运输阶段是指将工程废弃物从施工现场运至填埋场、循环利用场或其他运输终点的过程。废旧建材运输阶段的碳排放主要来自运输工具在运输过程中消耗能源产生的碳排放。废旧建材运输阶段产生的碳排放量计算公式如下:

$$E_{fy} = \sum_{i=1}^{n} W_i \times K_i \times L_i \tag{2.10}$$

式中:E_{fy} 为废旧建材运输过程中的碳排放量;W_i 为拆除水利工程的废弃物产生量;K_i 为不同运输方式下运输单位建材的碳排放因子;L_i 为运输距离。

3

碳减排分析

本书针对水利工程自身特点,按项目决策阶段、设计阶段、原材料生产运输阶段、施工阶段、运维(运营维护)阶段、拆除阶段对水利工程全生命周期的碳排放特点、减排目标进行论证分析。

3.1 项目决策阶段

1. 阶段碳排放特点

水利工程在项目决策阶段,会确定水利工程的基本规模、功能定位、建设选址等关键要素。这些决策将直接影响后续各个阶段的资源投入和活动开展,从而对整个项目生命周期的碳排放产生基础性的影响。

因此,项目决策时要准确评估项目的必要性,合理确定工程规模和功能,从而避免后续阶段因决策失误而产生大量碳排放,为项目整体的低碳化发展奠定良好基调。

2. 阶段减排目标分析

首先,在水利工程的规划与设计环节,务必要将确保工程的规模与功能设定精准契合实际需求这一点摆在至关重要的位置。水利工程作为一项关乎国计民生且资源消耗和环境影响都较大的大型基础设施建设项目,其任何一丝的偏差都可能引发一系列不良后果。

就规模而言,绝不能盲目追求宏大,而应当基于对区域实际情况的详尽调研与科学分析来确定,避免过度设计,避免造成大量人力、物力、财力等宝贵资源的浪费。

为做到精准契合水利工程实际需求,决策人员需要开展一系列严谨且科学的评估,如对区域的水资源供需状况进行全方位的勘查与分析,深入了解该区域的水资源总量、分布情况、季节性变化规律以及水质状况等诸多方面。同时,对于用水需求的评估也必须细致入微,要充分考虑区域内居民生活用水、工农业生产用水以及生态用水等不同层面的需求特点,并结合未来一段时间的发展趋势进行合理预测。此外,防洪灌溉等实际需求更是水利工程功能设定的关键考量因素。针对不同地区面临的洪水威胁程度、防洪标准以及农田灌溉面积、灌溉方式等具体情况,决策人员要进行精准的量化分析与综合评估。

唯有如此,才能在综合权衡各方因素的基础上,规划出一套既能有效满足诸如供水、防洪、灌溉、发电等各项功能目标,又能最大限度减少不必要资源投入的工程方案。这样的方案应当是经过反复论证、优化完善的,它既能充分发挥水利工程的社会效益与经济效益,又能将对环境的负面影响降至最低,真正实现水利工程建设与生态环境保护的协调发展。

其次,水利工程的项目决策绝非仅仅着眼于当下的建设阶段,而应当从更为宏观的整体和长远角度出发。所做出的每一项决策都要充分保障水利工程在其整个生命周期内,涵盖建设、运维以及拆除等各个阶段,都能始终以低碳的方式运行,进而实现可持续发展的宏伟目标,避免后期因决策失误而出现诸如频繁改造或严重资源浪费等情况。

只有从水利工程的全生命周期出发,在每一个关键决策环节都将低碳运行和可持续发展作为核心考量因素,才能有效避免因决策失误而导致的后期种种不良后果,使水利工程真正成为造福一方、利在千秋的绿色基础设施。

3.2 设计阶段

1. 阶段碳排放特点

水利工程作为公共基础设施,绝大多数为政府投资项目,资金来源于公共财政,属于审批制管理的项目,审批流程通常包括项目建议书审批、可行性研究报告审批、初步设计审批等多个环节。由于项目正式批复建设前,工程设计方案及概算已确定,主体结构、设备选型、材料种类等对项目碳排放影响重大的因素均已确定无法更改,因此设计人员应在设计阶段就进行全局考虑,提前规划各类减排措施。

2. 阶段减排目标分析

首先,设计人员通过提升设计技术应用水平,尽可能优化工程布置,提升水利工程运行效率,减少能源消耗,降低施工过程中各类建材的使用,缩短施工工期,减少施工难度。

其次,设计人员应在工程项目的设计阶段,就充分且全面考虑如何加大一系列有助于节能减排的要素的使用。

对于信息化运管系统而言,设计人员要深入研究其在项目中的应用潜力。要结合项目的具体规模、功能需求以及未来运营模式等多方面因素,精心规划信息化运管系统的架构与功能模块。比如,通过设计智能化的能源监测与管理子系统,实时精准地掌握项目运行过程中的能源消耗情况,以便及时做出调整优化,从而有效减少因能源浪费而产生的碳排放。

对于清洁能源的使用,设计人员需根据项目所在地的资源禀赋,如太阳能、风能等的可获取程度,合理规划清洁能源的接入方式与应用规模。例如,在日照充足的地区,设计大面积的太阳能光伏板布局,使其能够充分吸收太阳能并转化为电能,满足项目部分甚至大部分的用电需求,以此替代传统的高碳排放的能源供应方式,从源头上降低后续项目运营阶段因能源消耗所产生的碳排放。

对于低碳建材的选用,设计人员要对各类建材的碳排放指标、性能特点等进行细致分析与比较,摒弃那些高碳排放的传统建材,转而选用具有低碳甚至负碳特性的新型建材。比如,选用以工业废渣等为原料生产的新型墙体材料,其在生产过程中的碳排放相较于传统黏土砖大幅降低,而且在保温隔热等性能方面表现出色,能够减少建筑在使用过程中因取暖、制冷等需求而消耗的能源,进而间接降低碳排放。

对于装配式建筑物的使用,设计人员要充分发挥其优势。深入了解装配式建筑物的特点与工艺流程,在设计时按照装配式的要求进行标准化、模块化的设计。这样不仅能够提高建筑物的建造效率,减少现场施工过程中的能源消耗与废弃物排放,而且在工厂化生产装配式建筑物所采用的预制构件过程中,也可以通过优化生产工艺等方式进一步降低其碳排放。通过以上这些在设计阶段的充分考虑与精心规划,能够从源头上有效降低后续阶段,包括项目施工、运营以及维护等过程中可能产生的碳排放,为实现整个项目的低碳可持续发展奠定坚实的基础。

3.3 原材料生产运输阶段

1. 阶段碳排放特点

水利工程原材料如水泥、钢材、砂石等的生产过程是碳排放的主要来源。水泥生产需要高温煅烧石灰石等原料,将大量释放二氧化碳等温室气体;钢材生产涉及炼铁、炼钢等环节,也会消耗大量能源并产生碳排放。

原材料的运输距离和运输方式也对碳排放有着较大影响。长途运输尤其是采用传统燃油车辆运输,会产生可观的交通碳排放。

2. 阶段减排目标分析

采用政策强制、经济补贴等手段,推动原材料生产企业采用先进的节能减排技术,如水泥生产中的余热利用、钢材生产中的高效炼钢工艺等,大幅降低单位原材料的碳排放。

在运输方面,优化运输路线,尽量选择低碳运输方式,如增加铁路、水路运输比例,可有效减少原材料运输过程中的碳排放,这对于降低整个水利工程的碳排放有着直接的作用。

根据《水泥行业碳减排技术指南》《高耗能行业重点领域节能降碳改造升级

实施指南(2022年版)》等文件中的基础数据及研究成果,水泥熟料减排潜力为21 kg/t,以2023年全国平均538 kg/t的排放量看,可以减少4%的排放量。钢材采用各类新型工艺后,相比传统的高炉-转炉长流程炼钢工艺,吨钢综合能耗可降低62%,水耗降低46%,颗粒物、二氧化硫、氮氧化物等主要污染物减少75%。

3.4　施工阶段

1. 阶段碳排放特点

施工过程中各类施工机械如挖掘机、起重机、混凝土搅拌机等的运行需要消耗大量燃油或电能,产生大量的碳排放。施工现场的临时设施搭建、照明等也需要消耗能源,导致碳排放。而且施工过程中可能会因土方开挖、弃土处理等活动对周边土壤、植被等造成破坏,影响区域碳汇能力。

2. 阶段减排目标分析

施工阶段中,施工单位应积极探索并采取一系列有效措施来降低对环境的影响,实现绿色施工目标。其中,采用节能型施工机械和设备,并大力推广电动施工机械的应用,无疑是降低施工阶段能源消耗和碳排放的关键举措。

节能型施工机械和设备,是采用先进技术研发与改良后的产物,它们在设计上更加注重能源的高效利用,通过优化机械的动力系统、传动系统以及工作装置等各个环节,其在完成相同施工任务的情况下,能够比传统设备消耗更少的能源。而电动施工机械更是凭借其独特的优势,在施工领域逐渐崭露头角并得到广泛推广。与传统燃油施工机械相比,电动施工机械以电力作为动力来源,摒弃了燃油燃烧过程中产生大量温室气体排放的弊端。

将电动挖掘机和传统燃油挖掘机来做一个对比,便能清晰地看出二者在能源成本方面的巨大差异。在实际运行过程中,电动挖掘机展现出了极为显著的节能效果。以每天常规的8小时工作时间为例,一台传统燃油挖掘机由于其依赖燃油提供动力,在高强度的挖掘作业下,每天的油耗成本相当高昂,在3 000元左右。然而,一台完成同样工作量的电动挖掘机,因其只需消耗电力,每天的电费成本大约在150元。通过这样简单的对比便可以发现,当将传统燃油挖掘机进行"油改电"后,每天在能源成本方面就可以节省2 850元之多。这不仅为施工企业带来了直接的经济效益,更为重要的是,它从源头上大大降低了施工阶段因能源消耗而产生的碳排放,为环境保护做出了积极贡献。

除了在施工机械和设备的选用上注重节能降碳之外,合理规划施工场地同样是一项不可或缺的重要举措。在施工前期的规划阶段,相关专业人员应当充分结合工程设计图纸以及实地勘察情况,对施工场地进行全方位、细致入微的规划。要尽可能减少不必要的土方开挖作业,因为每一次土方开挖都意味着对原有土地地貌的破坏,不仅会消耗大量的人力、物力和能源,而且还可能导致土壤结构被破坏,进而影响周边生态环境。同时,对于施工过程中产生的弃土,也应当进行妥善处理,避免随意丢弃,减少弃土量。通过合理规划施工场地,保护周边生态环境,能够有助于维持区域的碳汇能力。所谓碳汇能力,就是指该区域内的植被、土壤等自然生态系统吸收并储存二氧化碳的能力。当周边生态环境得到良好保护时,这些自然生态系统能够持续发挥其碳汇作用,从而在一定程度上抵消施工过程中的碳排放,减轻施工活动对环境的负面影响。

与此同时,加强施工管理,提高施工效率,对于降低施工过程中的碳排放也起着至关重要的作用。在施工过程中,高效的施工管理能够确保各个施工环节紧密衔接,避免出现因施工组织混乱、工序衔接不当等导致的施工周期延长情况。要知道,施工周期一旦延长,就意味着施工设备和人员需要在工地上持续投入更多的时间和精力,这无疑会增加能源的消耗,进而导致碳排放的增加。通过加强施工管理,例如制定科学合理的施工计划、严格执行施工进度安排、及时协调解决施工过程中出现的各种问题等措施,能够有效提高施工效率,使得施工项目能够按照预定计划顺利完成,从而减少因施工周期延长而增加的碳排放,实现施工阶段的节能减排目标。

综上所述,通过采用节能型施工机械和设备、推广电动施工机械的应用、合理规划施工场地以及加强施工管理等多方面的综合举措,能够在实现工程建设目标的同时,有效降低施工阶段的能源消耗和碳排放,为推动全社会的可持续发展贡献一份重要力量。

3.5　运维阶段

1. 阶段碳排放特点

运维阶段主要的碳排放来源包括机电设备的持续运行、照明系统的日常使用、管理用房的能源消耗等。随着时间推移,工程设施可能出现老化、损坏等情况,维修和更换部件也会产生一定的碳排放,尤其是涉及金属、塑料等材料的加工和更换。

2. 阶段减排目标分析

在水利工程的全生命周期管理中,运维阶段的各项举措对于实现节能减排目标起着至关重要的作用。其中，对水利机械设备开展定期且细致的维护工作，并对其运行参数进行科学合理的优化，能够显著降低该阶段的能源消耗以及由此产生的碳排放。

对于水利机械设备而言，它们长期处于高强度的运行状态，在为水利工程发挥重要作用的同时，也不可避免地会出现各类磨损与性能下降的问题。定期的维护工作就如同给这些设备进行一次全面的"体检"和"保养"，专业的维护人员会按照既定的维护流程，对设备的各个关键部件，如发动机、传动系统、水泵叶轮等进行逐一检查，查看是否存在磨损过度、松动、腐蚀等情况，并及时采取相应的修复措施。同时，结合设备的实际运行状况以及水利工程的具体需求，对运行参数进行优化调整也是极为关键的环节。例如，通过精确调整水泵的流量、扬程等参数，使其能够在满足工程供水、排水等功能需求的前提下，以最为节能高效的状态运行，避免因参数设置不合理而导致设备长时间处于高负荷或低效率运行状态，进而减少不必要的能源消耗和碳排放。

此外，建立一套完善且行之有效的运维管理体系更是必不可少的。这个体系应当涵盖设备的日常巡检、故障预警、问题诊断以及快速响应处理等多个方面。通过在水利工程设施各个关键部位安装先进的监测传感器，能够实时收集设备的运行数据，如温度、压力、振动频率等，并将这些数据传输至后台的运维管理中心。一旦数据出现异常波动，运维管理系统便能及时发出预警信号，提示工作人员可能存在工程设施问题。这样一来，工作人员就能够迅速做出反应，在第一时间赶到现场进行排查和处理，有效避免因设施故障未被及时发现而导致设备长时间非正常运行，从而引发额外的能源消耗和碳排放增加的情况。

在对水利机械设备进行维修以及部件更换的过程中，优先选用环保、可回收的材料也是实现降碳目标的重要举措之一。一些传统的维修材料可能在生产过程中会产生大量的碳排放，且在设备报废后难以进行有效的回收利用，容易造成环境污染。而环保、可回收的材料则不同，它们在生产环节往往采用更为绿色的工艺，碳排放相对较低，并且在设备使用寿命结束后，能够方便地进行回收再利用，既减少了对环境的影响，又在一定程度上降低了因材料生产和处理所带来的碳排放。

以扬州地区为例，相关普查结果显示，该地区的水泵设备呈现出老旧型号较多的特点，而且绝大多数设备的使用寿命已经超过了 10 年。这些老旧设备由于长期运行，其性能已经出现了不同程度的下降，不仅能源消耗较高，而且发生故障的概率也相对较大。然而，通过对这些水泵设备进行定期的维护保养，可以在很大程度上提升设备的正常使用寿命，一般能够使其在原有基础上再延长 5 至

10年。这意味着在不进行大规模设备更换的情况下，能够继续利用这些设备为水利工程服务，减少了新设备生产过程中的能源消耗和碳排放。

同时，还可以借助自动化管理手段来进一步优化水利工程的运维管理。通过引入智能化的控制系统，实现对水利设备的远程监控、自动化操作以及故障诊断等功能。例如，管理人员可以在远程控制中心通过电脑屏幕实时查看设备的运行状态，当需要对设备进行操作时，如启动、停止、调节参数等，也可以直接通过控制系统进行远程操作，无需再安排大量的管理人员到现场进行人工操作。这样一来，不仅能够极大地减少管理人员的工作量，使得他们可以将更多的精力投入对设备运行数据的分析和运维管理策略的制定等重要工作上，而且还能够相应地减少管理人员的编制。人员编制的减少意味着在人员管理方面的能源消耗和碳排放也会随之降低，从而达到整体的降碳效果，为水利工程的可持续发展提供有力保障。

3.6 拆除阶段

1. 阶段碳排放特点

拆除过程中使用的各类机械设备，如起重机、破碎机等，其运行也会产生大量的碳排放。而且拆除下来的建筑材料，如混凝土、钢材等的处理，如果采用传统的填埋或简单破碎后丢弃方式，不仅浪费资源，还可能在后续的分解等过程中产生碳排放。

2. 阶段减排目标分析

在水利工程全生命周期的末尾——拆除阶段，也应该积极探索并推行各类举措，以实现节能减排的目标。其中，采用绿色拆除技术显得尤为关键，这对于降低整个工程全生命周期中的碳排放具有重要意义。

所谓绿色拆除技术，涵盖了诸多先进且环保的拆除方法与工艺。例如，对混凝土等常见建筑材料进行回收再利用的拆除工艺便是其中极具代表性的一种。在传统的拆除过程中，混凝土往往被当作废弃物直接处理掉，这不仅造成了资源的极大浪费，还意味着后续若要建造新的水利工程，就需要重新开采、加工和运输大量的原材料来满足需求。然而，当采用回收再利用的拆除工艺时，情况就颇为不同。专业的施工团队会运用特定的设备和技术手段，小心翼翼地将混凝土结构拆解，并通过一系列的筛选、破碎、清洗等处理工序，将其加工成可供再次使用的再生骨料或其他形式的再生材料。这些再生材料可以在后续的建筑项目中，部分甚至全部替代新的原材料，从而有效减少了对新原材料的需求。原材料的生产过程通常伴随着大量的能源消耗和温室气体排放,而且从原材料产地到使用地点的运输环节,同样也会产生可观的碳排放,通过采用这种绿色拆除技术,大幅降低了原材料生产运输阶段的碳排放,为环境保护做出了积极贡献。

除了采用绿色拆除技术,合理规划拆除现场以及优化拆除流程也是降低拆除阶段碳排放的重要环节。在拆除项目开展之前,相关专业人员需要对拆除现场进行全方位、细致入微的规划。他们要根据水利工程的结构特点、周边环境状况以及可用的机械设备等因素,制定出最为合理的拆除方案。例如,对于一些大型水利工程,可能需要划分不同的拆除区域,按照特定的顺序依次进行拆除操作,以确保整个拆除过程的安全与高效。同时,优化拆除流程也是必不可少的。这意味着要对传统的拆除工序进行梳理和改进,去除那些不必要的操作步骤,简化流程,使得各个拆除环节能够更加紧密地衔接起来。通过这样的合理规划与流程优化,能够显著提高拆除效率。当拆除效率提高后,所需机械设备的运行时间就会相应减少。机械设备在运行过程中,往往需要消耗大量的燃油或电力等能源,并且会产生一定量的碳排放。因此,减少机械设备的运行时间,也就意味着降低了拆除阶段的碳排放,这对于实现整个拆除过程的节能减排目标至关重要。

与此同时,对拆除下来的材料进行分类处理,促进资源回收利用,同样是实现减排的重要举措。在拆除现场,随着建筑物的逐步拆解,会产生各种各样的材料,如钢材、木材、塑料、玻璃以及混凝土等。这些材料如果不加区分地混合在一起进行处理,不仅会增加后续处理的难度,而且会降低资源回收利用的效率。因此,在拆除现场就应当安排专人负责对拆除下来的材料进行分类整理。对于钢材,可以将其收集起来送往钢铁厂进行再加工;对于木材,可根据其质量和状况进行修复或加工成其他木制品;对于塑料和玻璃,也有相应的回收处理渠道,使其能够重新转化为可利用的产品。通过这样的分类处理,能够最大限度地促进资源回收利用,使得这些原本可能被当作废弃物扔掉的材料,重新获得使用价值。而资源的回收利用本身就意味着减少了对新原材料的开采和生产,从而间接降低了因原材料生产而产生的碳排放,进一步推动了节能减排目标的实现。

综上所述,通过采用绿色拆除技术、合理规划拆除现场、优化拆除流程以及对拆除下来的材料进行分类处理等一系列举措,使其相互配合、相辅相成,共同为水利工程拆除阶段的节能减排工作奠定坚实的基础,有力地促进水利工程的可持续发展。

碳减排路径

4.1　项目决策阶段减排路径

项目决策阶段是设定项目方向、确定设计方案、选择技术路径和制定实施策略的关键时期,对整个项目的碳排放水平有着深远影响。在这个阶段,可以从以下几个方面来减少碳排放。

4.1.1　项目的立项与选择

扬州市地处华东平原地区,除局部地区存在丘陵外,其他地区地势多平坦,增加碳汇或减少碳排潜力较大的水利工程类型主要包括以下几种。

1. 防洪与水资源调配工程

通过新建防洪与水资源调配工程,可以减少因洪水泛滥造成的农田损毁、森林破坏等,间接减少碳汇损失。同时,这些工程可以保障农业灌溉、城市供水,减少因干旱导致的农作物减产或过度抽取地下水带来的能源消耗与碳排放。

2. 生态水利工程

生态水利工程强调在满足防洪、灌溉、供水等基本功能的同时,保护和恢复水生生态系统,增强水体的碳汇能力。例如,通过建设生态护岸、湿地公园、河湖连通工程等,可以促进水生植物生长,增加水体对二氧化碳的吸收和固定能力。此外,生态水利工程还可以改善水质,减少因处理水体污染产生的碳排放。

3. 小流域综合治理工程

小流域综合治理是根据小流域自然和社会经济状况以及区域国民经济发展

图 4.1　扬州城区七里河水生态工程

的要求,以小流域水土流失治理为中心,以提高生态经济效益和促进社会经济持续发展为目标,以基本农田结构优化和高效利用及植被建设为重点,建立具有水土保持兼高效生态经济功能的小流域综合治理模式。

以小流域为单元,在全国规划的基础上,合理安排农、林、牧、副各业用地,布置水土保持农业耕作措施、林草措施与工程措施,做到互相协调、互相配合,形成综合的防治措施体系,以达到保护、改良与合理利用小流域水土资源的目的。

图 4.2　仪征市小流域综合治理工程

　　小流域综合治理工程中包含的水土保持措施,如护坡固土、沟道整治、植被恢复等,可以有效减少土壤侵蚀,保护和提升土壤有机碳含量。健康的土壤是重要的碳库,良好的水土保持工作能够防止有机碳被冲刷入水体,减少碳排放,同时促进土壤微生物活性,增强土壤碳固定能力。

图 4.3　邗江区小型农田水利重点县滴灌工程

4. 高效节水工程

通过滴灌、喷灌、微灌等节水灌溉技术,以及田间渠系改造、灌溉自动化等措施,可以大幅度减少农田灌溉用水,进而降低用于抽取、输送水资源的能源消耗,减少碳排放。同时,节水灌溉有助于提高作物水分利用效率,减少因缺水导致的作物减产和土地退化,维持农业碳汇功能。

图 4.4 邗江区小型农田水利重点县喷灌工程

图 4.5   广陵区小型农田水利重点县微灌工程

4.1.2　低碳设计理念融入

低碳设计理念是一种以减少碳排放、提高能源效率、促进资源循环利用为核心目标的设计哲学,旨在通过创新设计手段、优化系统配置、选择环保材料和技术,实现建设项目、产品或服务在其全生命周期内对环境影响的最小化。低碳设计理念主要包括以下几个核心要素。

1. 节能优先

优先考虑能源效率提升,通过设计实现最大限度的能源节约。这包括但不限于采用高效设备、优化能源系统、利用被动设计策略(如自然采光、通风、遮阳等)减少人工能源需求,以及运用智能控制技术实现精细化能源管理。

2. 可再生能源利用

积极推广和整合太阳能、风能、地热能、生物质能等可再生能源技术,使项目在满足自身能源需求的同时,减少对化石燃料的依赖,降低碳排放。

3. 低碳材料选择

优先选用低碳、环保、可再生或可回收利用的建筑材料和产品,考虑材料的生命周期碳足迹,减少高碳排放材料的使用。此外,鼓励本地或区域材料的使用,以降低运输过程中的碳排放。

4. 资源循环与废弃物管理

推崇材料和资源的循环利用,设计易于拆解、回收和再利用的结构和产品,减少废弃物产生。同时,构建有效的废弃物分类、收集、处理和回收系统,最大限度地实现废弃物资源化。

5. 用水效率与节水策略

提升水资源利用效率,采用节水器具和系统,实施雨水收集、中水回用等节水措施,减少新鲜水消耗和污水处理过程中的能源消耗及碳排放。

6. 生态系统服务与碳汇

尊重和利用自然生态系统,通过绿化、湿地恢复、生物多样性保护等方式增强项目的碳汇能力,同时提供降温、净化空气、防洪等生态服务功能。

7. 用户行为引导与教育

通过设计引导实际运行管理人员采取低碳管理方式,提供节能教育,设置直观的能源使用反馈系统,鼓励运维人员参与节能活动,培养低碳文化。

8. 全生命周期视角

采用全生命周期评估方法,从原材料获取、生产、运输、施工、运营、维护、拆除到废弃物处理的全过程,全面评估和减少碳排放。

9. 政策法规遵循与创新

确保项目符合相关低碳、绿色工程标准和法规要求,同时积极探索和应用最新低碳技术、政策创新和市场机制,如碳交易、绿色金融等,以支持低碳项目的实施和推广。

低碳设计理念涵盖了节能、可再生能源、低碳材料、资源循环、节水、绿色交通、生态系统服务、气候适应性、用户行为引导、全生命周期评估以及政策法规遵循等多个维度,旨在通过系统性、全方位的设计策略,实现项目的低碳化和可持续发展。

4.2 设计阶段减排路径

规划设计阶段是决定项目碳排放潜力的最关键时期。在这个阶段,设计人员可以选择低能耗、低碳材料及高效设备和技术,推动新材料、新技术、新工艺的研发与应用,通过优化工程设计、系统布局、材料选择、工艺流程等,在项目还未实际建造或运行之前就锁定较低的碳排放水平,从根本上减少项目在整个生命周期内的碳足迹。

规划设计阶段减排路径主要包括:设计辅助技术应用、节能节水技术应用、绿色生态系统固碳等。

4.2.1 设计辅助技术应用

水利工程设计阶段可采用的新技术涵盖了从数据采集、分析到设计、模拟、协作、交付的全过程,旨在提升设计的科学性、精准性、环保性和智能化水平,助力打造高效、安全、绿色的现代水利工程。

4.2.1.1 BIM技术

BIM技术通过创建三维数字化模型,集成水工结构、房建、金属结构、机电设备等多专业信息,实现工程全生命周期的协同设计、模拟分析和信息管理。在水利工程设计中,BIM可以精确模拟水流、应力应变、地质条件等,支持精细化设计、冲突检测、材料用量计算、施工方案模拟等,提高设计效率和工程质量。

在工程设计阶段应用BIM技术有助于减少碳排放,主要体现在以下几个方面。

1. 精准设计与材料优化

减少材料浪费:BIM模型能够精确计算所需材料的数量和规格,避免因设

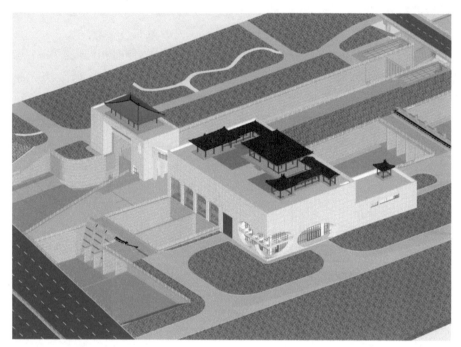

图 4.6　扬州闸泵站工程 BIM 技术

计错误或过度保守导致的材料过剩。精确的工程量计算有助于减少原材料采购和加工过程中的能源消耗与碳排放。

选用低碳材料：通过 BIM 模型，设计师可以便捷地评估不同材料选项对项目碳足迹的影响，选择具有较低碳排放强度的建筑材料或采用再生材料，从而降低整体碳排放。

2. 结构与能源系统优化

高效结构设计：BIM 技术可支持结构性能分析，如结构力学计算、热工性能模拟等，帮助设计师优化结构体系，减少钢材或混凝土用量，或者选择更节能的工程结构，降低水利工程运行阶段的能源需求和相关碳排放。

集成能源系统设计：通过 BIM 模型集成能源系统，进行能效模拟和优化配置，确保系统设计既满足功能需求又具有高能效，降低水利工程全生命周期内的能源消耗和碳排放。

3. 虚拟建造与施工方案优化

施工方法与顺序模拟：BIM 技术支持 4D 模拟（三维模型＋时间维度），可以预演不同施工方法、顺序和工艺对资源消耗和碳排放的影响，选择最节能、低碳的施工方案，减少现场临时设施、机械设备使用和能源消耗。

预制化与模块化设计：BIM 支持预制构件的精细设计和工厂化生产，促进现场装配化施工，减少现场湿作业，降低能源消耗和扬尘污染，同时提高施工效率，缩短工期，间接减少碳排放。

4. 协同设计与冲突检测

减少返工与变更：BIM 支持多专业协同设计，通过实时冲突检测和问题解决，避免因设计不协调导致的现场变更和重复施工，减少不必要的材料浪费、能源消耗和运输排放。

5. 生命周期碳排放评估

早期碳足迹预测：基于 BIM 模型，可以结合碳排放计算工具进行水利工程全生命周期碳排放评估，在设计初期就识别高碳排放环节，指导进行针对性的减排措施设计，如优化工程结构、选择低碳建材、提升能源系统效率等。

6. 可持续设计指标跟踪

绿色水利工程认证支持：BIM 模型能够集成各类绿色工程评价体系（如LEED、BREEAM、绿色三星等）所需的数据，便于设计师在设计过程中实时监测和调整设计参数，确保项目满足低碳、节能的认证要求。

4.2.1.2　有限元分析

有限元分析是一种广泛应用在工程设计、科学研究中的数值计算方法，它通过将复杂结构或系统离散为大量简单单元,求解单元间的相互作用,从而得到整体结构的力学特性。

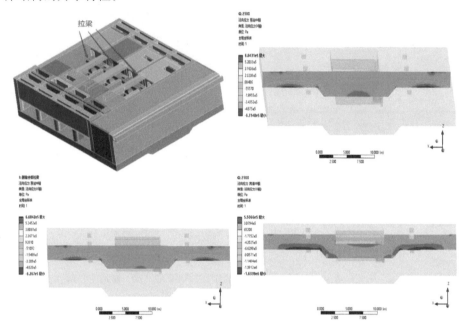

图 4.7　扬州闸泵站站身有限元分析

通过 BIM 三维模型中的几何实体数据,可以将 BIM 技术与数值仿真技术联系起来,实现两者的联合应用。结构仿真分析作为结构设计中的重要环节,通过 BIM+数值仿真进行结构仿真计算,为结构设计提供参考数据。

有限元分析在减少碳排放方面的作用主要体现在以下几个方面。

1. 优化设计与材料使用

轻量化设计:通过有限元分析,工程师可以精确计算结构在各种工况下的应力、应变、位移等,据此优化结构形状、尺寸和材料分布,实现轻量化设计。轻量化不仅能降低原材料消耗,减少生产过程中的能源消耗和碳排放,还能提高运行阶段的能效,降低工程整体能耗。

材料选择与用量优化:有限元分析可以帮助确定满足性能要求的最低材料强度等级或厚度,避免过设计导致的材料浪费。同时,通过对不同材料选项进行仿真,可以选择具有更低环境影响(如更低碳排放)的材料。

2. 工艺优化与制造效率提升

减少试制与试验:通过有限元分析预测产品的性能和行为,可以减少实物样机的制作和物理试验次数,节省材料、能源和时间,间接减少碳排放。

工艺参数优化:有限元分析可模拟制造过程中的热处理、焊接、铸造、塑性成形等工艺,优化工艺参数以降低能耗、减少废品率,从而降低碳排放。

3. 设备性能预测与维护优化

水泵、电动机等设备寿命预测与维护计划:通过有限元分析预测设备在长期运行下的疲劳、磨损、老化情况,可以制定合理的维护计划和更换周期,避免因设备故障导致的意外停机、能源浪费和紧急维修带来的额外排放。

能效提升:对能源转换设备(如发电动机、换热器、涡轮机等)进行有限元分析,可以优化其内部流动、热传递、电磁场分布等,提高设备能效,降低运行过程中的能源消耗和碳排放。

4. 产品与系统性能优化

能源系统优化:有限元分析应用于能源系统设计,可以优化其结构、流场、热管理等,提高能源转换效率,减少能源生产和传输过程中的碳排放。

水工建筑物能效提升:在水利工程领域,有限元分析可用于模拟工程结构的热传导、自然通风、光照分布等,优化水工结构、隔热材料选择、采光设计等,降低水利工程运行阶段的供暖、制冷、照明能耗,从而减少碳排放。

4.2.1.3 GIS 与遥感技术

GIS 技术结合遥感数据,可以进行地形地貌、地质构造、水文信息、生态环境等的高精度测绘与分析,为水利工程选址、水文计算、环境影响评估提供翔实的基础数据。通过进行空间分析,GIS 可帮助优化工程布局、确定最优线路、预测潜在风险。

该技术在水利工程上的应用能够降低碳排放,主要通过以下几个方面实现。

1. 精准规划与选址

资源优化配置:GIS 结合遥感、气象、水文等多源数据,可以精确评估水资源分布、地质条件、生态环境等因素,帮助决策者选择最优的水利工程地址和设计方案,避免因选址不当导致的额外能源消耗和碳排放,如避免在地质不稳定或生态环境敏感区域建设大型工程。

2. 减少土石方开挖与运输

通过 GIS 进行地形分析、土石方量计算,优化施工场地平整、边坡设计、弃渣场选址等,减少不必要的土石方开挖和长距离运输,从而降低挖掘、运输设备的燃油消耗和碳排放。

3. 优化施工管理

施工路线规划:GIS 可用于规划最优的施工物资运输路线、设备进场路线等,减少无效运输和拥堵,降低燃油消耗和排放。

实时监控与调度:基于 GIS 的施工现场监控系统可以实时监测施工进度、设备状态、能源消耗等,实现施工资源的高效调度,减少设备空转、等待时间,降低能源浪费和碳排放。

4. 水资源管理与调度

节水灌溉:GIS 结合农田土壤和作物需水量、气象预报等信息,可制定精确的灌溉计划,减少水资源浪费,降低灌溉用电(如水泵)产生的碳排放。

水资源优化配置:GIS 支持跨区域、跨流域的水资源调度,通过模拟分析,优化水源调配、水库蓄泄、调水工程运行等,提高水资源利用效率,减少在泵站提水、输水过程中的能源消耗和碳排放。

5. 能源设施布局与运维

可再生能源设施选址:GIS 可用于评估风能、太阳能、水能等可再生能源资源分布,指导水电站、风电场、光伏电站等设施的最优选址,提高清洁能源利用率,减少化石能源消耗。

能源设施运维优化:GIS 支持能源设施(如水电站、泵站)的地理分布、运行状态、维护需求等信息管理,通过数据分析,优化设备检修计划,减少故障停机时间,提高能源设施运行效率,降低碳排放。

6. 生态修复与碳汇管理

湿地恢复与管理:GIS 可用于湿地资源调查、生态功能评估、修复方案设计等,通过湿地保护和恢复,增强其碳汇功能,间接抵消其他领域的碳排放。

碳汇监测与评估:GIS 结合遥感、地面观测数据,可以监测森林、草地、农田等碳汇的变化,评估碳汇项目的碳储量、碳吸收能力,为碳汇管理、碳交易提供科学依据,支持碳中和目标的实现。

4.2.1.4 云计算与大数据分析

利用云计算平台进行大规模数据分析和高性能计算,可支持复杂水文模型的实时模拟、历史数据深度挖掘和未来趋势预测,为决策提供科学依据。大数据分析可以整合气候、水文、社会经济等多元数据,辅助进行水资源供需预测、防洪调度优化、工程效益评估等。

1. 海量数据处理与存储

大数据集成与融合:云计算平台能够高效集成、管理和分析来自遥感卫星、气象站、水文站、地面监测设备等多源、异构的大数据,打破数据孤岛,为水文模型提供全面、实时、高分辨率的输入数据。

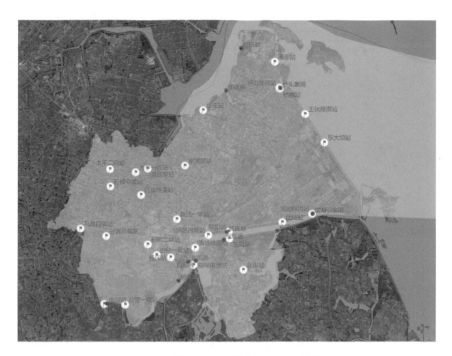

图 4.8　邗江区公道镇水利 GIS 一张图

图 4.9　扬州经济技术开发区朴席镇水利 GIS 一张图

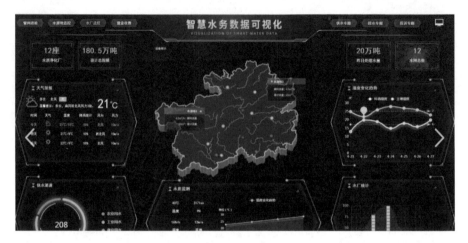

图 4.10　智慧水务大数据平台

高效存储与检索：云存储技术提供近乎无限的存储空间，支持大规模历史和实时水文数据的长期保存和快速检索，为长期趋势分析、极端事件复盘、模型验证等提供便利。

2. 高性能计算与模型加速

并行计算：云计算提供了强大的并行计算能力，使得复杂的水文模型能够在短时间内完成大规模运算，大大缩短了模型运行时间，提高了预测和决策的时效性。

弹性资源扩展：根据计算任务需求，云平台可以动态调整计算资源，确保在高峰期（如汛期、极端天气事件期间）能够快速响应，进行大规模水文模拟和预警。

3. 智能模型开发与优化

机器学习与人工智能：借助云计算平台的算力，可以利用机器学习算法训练更为精准的水文模型参数，实现模型参数的动态校正与自适应调整。人工智能技术如深度学习、强化学习也可用于开发新型智能水文模型，如基于神经网络的降雨径流预测模型。

模型耦合与复杂系统模拟：云计算支持多尺度、多物理过程的水文模型耦合，便于模拟流域水文、生态、地质等多因素相互作用的复杂系统，提高模型的综合预测能力。

4. 实时监测与预警

物联网（IoT）集成：云计算平台能够无缝对接物联网设备，实时接收和处理传感器网络传输的水位、流量、降雨、水质等数据，实现对水文过程的实时监测和预警。

云服务推送:基于云计算的预警信息发布系统能够快速生成并推送预警信息至决策者和公众,提高灾害响应速度,减少损失。

5. 决策支持与智慧水务

数据可视化与交互式分析:云计算平台提供丰富的数据可视化工具,支持用户通过 Web 界面进行交互式数据分析,直观展现水文动态、模型输出结果,辅助决策制定。

云服务化:将水文模型封装为云服务,用户无需安装复杂的软件和硬件,只需通过互联网即可访问和使用模型,降低了使用门槛,促进了水文模型在政府部门、科研机构、企事业单位间的共享与协作。

4.2.1.5　CFD(计算流体动力学)模拟

CFD 技术是一种用于模拟和预测流体流动、传热、混合、化学反应等复杂流体力学现象的数值方法。在水利工程中,CFD 技术被广泛应用于设计优化、性能评估、故障诊断、运行管理等方面,并通过以下方式降低碳排放。

水工结构与设备:CFD 可以精确模拟水坝、闸门、泄洪设施、泵站、水轮机等水利设备内部及周围的流场分布,帮助工程师优化其几何形状、进/出口设计、叶片角度等参数,以减少水头损失、提高水力效率、降低能耗。高效的水力机械意味着在输送相同水量或产生同等电力时所需消耗的能源更少,从而间接减少了化石燃料的燃烧和碳排放。

4.2.1.6　数字孪生技术

在水利工程上的应用数字孪生技术,通过构建与实际水利工程对应的高精度虚拟模型,实现物理系统与数字系统的实时交互与同步更新,从而在设计、建设和运营维护全生命周期内采取多种策略降低碳排放。

精准模拟与仿真:数字孪生平台可以运用仿真工具,对水利工程的不同设计方案进行详细的流体动力学、结构力学、热力学等多物理场模拟,评估其能源效率、材料使用、施工难度等多方面性能指标。通过对比分析,设计师可以选择碳足迹最小的设计方案,避免在施工后因设计缺陷导致能耗增加。

可持续材料与工艺选择:数字孪生模型可以集成材料数据库和生命周期评估(LCA)工具,帮助评估各种建筑材料和施工工艺的碳排放强度。选择低能耗、低碳排放的材料和工艺,可以减少工程建设过程中的碳排放。

智能调度与决策支持:数字孪生平台可以集成气候预报、用水需求预测等外部数据,为水库调度、灌溉分配、电力输出等决策提供精准依据。通过优化水资源分配和电力生产计划,避免过度抽水,减少弃水损失,提高能源利用效率,间接减少碳排放。

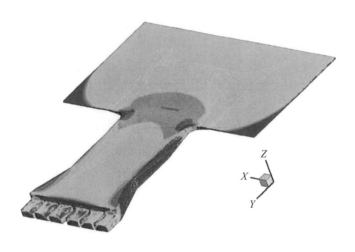

V (m/s): 0.1 0.2 0.3 0.4 0.5 0.6 0.7 0.8 0.9 1.0 1.1 1.2 1.3 1.4

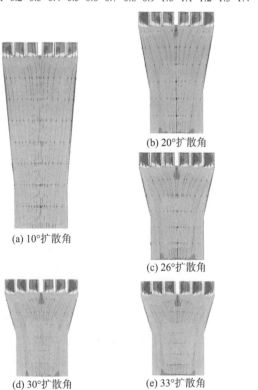

(a) 10°扩散角

(b) 20°扩散角

(c) 26°扩散角

(d) 30°扩散角　　(e) 33°扩散角

图 4.11　泵站 CFD 模拟分析

图 4.12　数字孪生通江闸工程

4.2.2　节能节水技术应用

4.2.2.1　高效节水技术

高效节水技术是一系列旨在提高水资源利用效率,减少不必要的水资源消耗,同时维持或提升灌溉、供水和排水系统的功能与效益的方法、设备和管理策略。这种节水灌溉最主要的特点就是灌溉水利用系数比较高。

近年来,灌溉技术高速发展,进入高效节水灌溉时代。喷灌、微灌和管道输水灌溉等高效节水灌溉技术因采用"需水灌溉""精确用水""水肥一体化"技术而快速发展,成为最先进的灌溉节水技术。

根据灌溉设备的不同,高效节水灌溉分为喷灌、滴灌、微喷灌等多种形式。

1. 喷灌

喷灌是利用专门设备将有压水送到灌溉农田,并喷射到空中散成细小的水滴,像天然降雨一样进行灌溉。其突出优点是:对地形适应性强,机械化程度高,灌水均匀,灌溉水利用系数较高,尤其适合透水性强的土壤,并可调节空气湿度和温度。但喷灌基础建设投资较高,而且受风的影响较大。

喷灌还具有节约用水、少占耕地、节省劳力、保持水土、适应性强和提高产量的优点。

2. 微灌

微灌即按照作物的需水要求,通过低压管道系统与安装在末级管道上的特制灌水器,将水和作物生长所需的养分以较小的流量均匀、准确地直接输送到作物根部附近的土壤表面或土层中的灌水方法。与传统的地面灌溉和全面积湿润的灌溉相比,微灌只以少量的水湿润作物根区附近的部分土壤,因此又叫局部灌溉。

按灌水时水流出流方式的不同,微灌可分为滴灌、微喷灌、渗灌、小管出流灌、涌泉灌等,其中滴灌应用最为广泛。

(1)滴灌

滴灌是用水滴进行灌溉的方法。具体说,是把滴灌系统尾部毛管上的灌水器作为滴头,或把滴头与毛管制成一体的滴灌带,将有一定压力的水消能后以成滴状一滴一滴地滴入作物根部进行灌溉。使用中,可以将毛管和灌水器放在地面上,也可以埋入地下 30~40 厘米进行灌溉。前者称为地表滴灌,后者称为地下滴灌。滴头的流量一般为每小时 2~12 升,使用压力为 50~150 千帕。

(2)微喷灌

微喷灌系统尾部的灌水器为微喷头。微喷头将具有一定压力的水(一般为200~300 千帕)以细小的水雾喷洒在作物叶面或根部附近的土壤表面,有固定式和旋转式两种。前者喷射范围小,后者喷射范围大,流量一般为每小时 10~200 升。

(3)渗灌

渗灌系统尾部的灌水器为一根特制的毛管,埋入地表下 30~40 厘米,低压水通过渗水毛管管壁的毛细孔以渗流的形式湿润其周围土壤进行灌溉。由于土壤表面蒸发减小,渗灌是用水量最少的一种微灌技术。

(4)小管出流灌

小管出流灌采用较大尺寸流道,利用已有的小管作为灌水器,采用每小时80~250 升的大流量出流。

(5)涌泉灌

涌泉灌又称涌灌,是通过置于作物根部附近开口的小管向上涌出的小水流或小涌泉将水灌到土壤表面进行灌溉的方式。涌泉灌灌水流量较大(一般不大于每小时 220 升),远远超过土壤的渗吸速度,因此通常需要在地表形成小水洼来控制水量的分布。涌泉灌适用于地形平坦的地区。有时,也把涌泉灌称为小管出流灌。

3. 管灌

管灌是管道输水灌溉技术的简称,是以管道代替明渠输水灌溉农作物的一种节水技术。采用管道输水,可以大大减少输水过程中的渗漏和蒸发损失,输水过程中水的利用率达到 95% 以上。管道输水灌溉不仅可以利用地形高差使水往低处流,还能利用现有提水泵的富余扬程或加压泵的所需扬程将水往高处送。管灌不但可以高水低灌,还可以低水高灌。以管代渠,还可以减少输水渠道占地,使土地利用率提高 2%~3%。

管道输水灌溉是不完全高效节水灌溉模式。其缺点是只解决了输水过程中的节水问题,但是到了田间,还需要配套软管等才能把水高效送到需水作物进行灌溉,实现真正意义上的高效节水灌溉。

4.2.2.2 供配电系统节能技术

在进行水利工程供配电设计过程中,首先要根据工程规模、功能、重要性等确定项目的负荷等级,明确负荷分布及负荷容量等,根据这些内容以及用电设备特点进行供配电方案的详细设计,保证在满足正常功能的前提下,实现有效的能源节约,同时也降低生产过程当中能源的损耗。

(1)供电电压的选择

在进行供配电系统设计时,应确保供电系统简单可靠,设备过多或是系统的复杂,都有可能会造成电能非必要的损耗。在供电过程中,电压越高损耗越小,所以,供电系统设计以及供电电压选择需由负荷容量大小、输电距离以及用电设备等因素共同确定。比如用电设备较多的水电站,很多设备电压等级有不同的选择,在设计时应尽量减少不同的电压等级,对于一些负荷较大的设备,如水利工程里的大功率泵组、水力发电动机等,尽量采用高压供电方案,使配电系统及配电级数得到简化,减小系统的复杂性,避免多级供电造成变电设备损耗,以达到节能效果。

(2)变电所位置的选择

变电所作为供配电系统中进行电压变换以及电能接收和分配的重要场所,合理选择其位置对初设投资、有色金属消耗、线路损耗、系统供电质量和可靠性有着直接的影响,科学的选址可以减少电压损失,降低线路损耗,提高输送效率,减少碳排放。

①接近负荷中心

应首先根据水利工程特点分析供电负荷对象、负荷分布、供电要求等内容,选择较接近负荷中心的位置作为变电所所址,减少电网投资和电网损耗。

②进出线方便

选择变电所所址时应考虑各级电压进出线方便,尽量减少线路交叉、跨越和转角,既要节约用地,又要确保地形有利于变电所布置。

③使地区电网布局合理

设计前应根据工程规模及供电要求,考虑水利工程原有电源、新建电源情况,并与当地供电部门协调,使地区接入电源布局合理,减少二次网的投资和电网损耗。

④设备吊装、运输方便

变电所选址时既要考虑施工时设备、材料及变压器等设备的运输,又要考虑运行、检修时的交通运输,一般选址要靠近厂区外公共道路,且进站道路要短,以减少投资。

(3) 主接线形式的选择

电气主接线主要是指在闸、泵站电力系统中为满足预定的功率传送、分配等要求而设计的,表明高低压电气设备之间相互连接关系的传送电能的电路。

①电气主接线应满足要求

运行可靠性:主接线系统应根据负荷等级要求,保证对设备供电的可靠性。

运行灵活性:主接线系统应能灵活地适应各种工作情况,根据水利工程用电负荷的特性及变化规律,正确选择和配置变压器的容量、台数及主接线形式,做到调度灵活。

主接线系统还应保证闸、泵站在运行操作中的便捷,在满足技术条件的要求下,做到经济合理,尽量减少占地面积,节省投资。

②中小型闸泵站常用电气主接线形式

中小型闸泵站电气主接线经常采用线路变压器组接线、单母线接线与单母线分段接线形式。

线路变压器组接线:线路变压器组接线就是线路和变压器直接相连,是一种最简单的接线方式,使用的设备少,接线简单,但设备故障或检修时都要停电,供电可靠性较低,多用于小型闸、泵站工程,可节省投资,节能降碳。

单母线接线:所有电源进线和引出线都连接于同一组母线上。单母线接线适用于出线回路少的小型变配电所,一般供三级负荷,两路电源进线的单母线可供二级负荷,目前中小型闸、泵站均采用此种接线形式。它的优点是接线简单、设备少、操作方便、造价便宜,只要配电装置留有余量,母线可以向两端延伸,可扩性好。

单母线分段接线:单母线分段就是将一段母线用断路器分成两段,两路电源一用一备时,分段断路器接通运行,多用于中型及以上泵站。两路电源同时工作互为备用时,分段断路器则断开运行。它的优点是两母线段可以分裂运行,也可以并列运行,重要用户可用双回路接于不同母线段,保证不间断供电,任意母线或隔离开关检修,只停该段,其余段可继续供电,减少了停电范围。但是单分段的单母线增加了分段部分的投资和占地面积。

综上，中小型闸泵站的变配电所一般处于电网的末端，从经济、技术角度综合比较，对于负荷容量较小的闸泵站，建议采用线路变压器组接线；对容量较大的闸泵站，建议采用单母线接线或单母线分段的接线方式，既可以满足负荷等级配电需要，又可以减少投资、节能降碳。

（4）提高功率因数

电力系统中存在许多感性负载，即电感元件较多的设备。这些设备会导致无功功率的大量产生，无功功率是电力系统中的一个重要指标，它的存在会导致电网电压不稳定、损耗电能、降低电网效率等问题，而无功补偿器的引入可以使产生的无功功率得到有效的补偿和消除，保证电压质量，减少网络中的有功功率的损耗和电压损耗，增强系统的稳定性，从而减少无谓的能源浪费。

①提高自然功率因数。自然功率因数是在没有任何补偿情况下，用电设备的功率因数。很多用电设备，如变压器、电动机等，会在运行中产生无功电流，致使功率因数达不到电网要求，造成线路的损耗，因此我们在设计中，应合理选择异步电动机，避免变压器空载运行，合理安排和调整工艺流程，改善机电设备的运行状况，能够有效降低无功功率损耗，提高电气设备的有功出力，达到节能目的。

②采用人工补偿无功功率。在提高自然功率因数的基础上，在负荷侧合理配置集中与就地无功补偿设备，可以通过在母线上串联或并联适当大小的电容器来抵消系统中的电感和电阻的影响，使功率因数不低于0.9。在电容器补偿的过程中，电容器的大小非常重要，正确选用电容器大小不仅可以提高电力系统的稳定性，还可以降低线路损耗，降低能耗，提高能源利用效率。

（5）选择合适的路径及电缆规格

在供电线路设计时，主要原则是降低供电线路上的损耗，配电线路产生的功率损耗取决于线路阻抗的大小，线路阻抗主要由电缆材料、界面及电缆长度等几个条件确定。所以供电出线的路径尽量以直线为主，尽可能避免曲线，降低供电电缆的长度。

在选择电缆截面时，为确保供电系统具备良好的安全性、稳定性，就必须保证选择的电缆拥有更可靠的质量，并在选择过程中遵循安全、经济性的原则。

首先，需要重视其发热条件。通常情况下，应该满足在长时间段中经过最大恒定电流的导体工作温度在产品标准规定的最高工作温度以下。

其次，应该关注电压损失，确保导线以及电缆在长期通过最大恒定电流过程中，线路内电压损失在规定的运行期电压损失以下为宜。

再次，从节约能源的原则出发，将"电能损耗大小"作为选择导线截面的首要依据，按经济电流密度法计算选取，最大限度降低电缆的损耗。

最后，要考虑机械强度，确保导线、电缆截面要超过某一敷设状态中所提出最小截面，而且确保其具备良好的热稳定性。如果出现电缆故障问题，则热稳定性校验所选取截面须比热稳定性最小截面大些。

在电缆材料的选择上要尽量选用电阻率较大的导线，以铜导线为最佳，铝导线次之。

4.2.2.3 电气设备节能选型

水利工程机电设备节能设计选择环保节能型电力设备，可从根本上解决节能问题。在水利工程电气节能设计中，最需要合理选择的机电设备主要为变压器、电动机、照明灯具、开关柜等。

（1）变压器

在电力系统中，变压器是一个不可或缺的设备，同时设计时应根据负荷实际情况，合理选择变压器容量、台数、运行方式与型号，不应使变压器"大马拉小车"，也不应使变压器长期过负荷运行。通过设定专用变压器使其能够灵活投切，适应季节性负荷所带来的电能变化，减少负载运行所导致的不必要的电能损耗。

变压器的经常性负荷在额定容量的60％时运行效率最高，在设计计算变压器容量时，变压器平均负荷系数应大于70％，若经常小于30％，应考虑调换小容量变压器。设计时一般不按变压器的最佳负荷率来选择，而按略高于变压器的最佳负荷率来选择，一般取75％～85％。选用变压器时，考虑多台变压器，而不选用单台大容量变压器，可根据季节性负荷提高供电的灵活性，降低变压器的空载损耗，达到节能的目的。

水利工程建设中，城市闸泵站一般采用干式变压器，包括环氧树脂浇注型干式变压器，非晶合金干式变压器以及其他节能型干式变压器，能效等级分为1级、2级、3级，对应的空载损耗、负载损耗和短路阻抗的限定值参照《电力变压器能效限定值及能效等级》（GB 20052—2020）。在满足国家现行节能评价标准的前提下，设计者应综合考虑负荷性质、资金成本等因素，尽量选用高效率、低能耗、低噪声、绿色环保的变压器，能耗等级不宜低于2级，如资金允许可采用非晶合金干式变压器、硅橡胶干式变压器或其他节能型干式变压器。

除参数性能外，变压器的选择还应考虑绿色环保技术。环氧树脂干式变压器在制造过程中会排放有毒气体，产品退役后不能简单回收，但该类变压器仍在干式变压器市场中占有很大份额,造成了严重的大气污染和资源浪费。而新型硅橡胶干式变压器采用高性能液态硅橡胶替代环氧树脂对变压器高压线圈进行包封,解决了环氧树脂干式变压器铜材不易回收、环氧树脂对环境污染的问题,是一款全寿命周期绿色的干式变压器。

(2)电动机选择

水利工程中通风空调控制系统、机组辅助系统、闸门启闭机控制系统、水泵控制系统等,控制对象主要为电动机。电动机是直接的大容量耗能设备,为了使电动机节能降耗,必须优化设备选型。

就节能设计而言,减少电动机的电能损耗和提高电动机效率的主要途径是合理选择电动机型式、容量以及电压等级,并采用合理的启动和运行方式。

一是电动机类型、容量及电压的选择。鼠笼式电动机与绕线式电动机相比,具有结构简单、耐用、可靠、易维护、价格低的特点。绕线式电动机可通过接频敏变阻器使启动平滑,提高启动力矩,因此,中小型泵站可以采用绕线式电动机提高启动性能。但随着软启动及变频技术的应用,采用鼠笼式电动机结合软启动或变频技术,可以改善电动机的启动运行性能,并可节约能耗,因此选择中低压异步电动机时,应优先选用鼠笼式电动机。YE3 超高效率电动机节能效果明显,满足《电动机能效限定值及能效等级》(GB18613—2020)中超高效电动机标准要求,设计中应优先选用。当水泵需要大范围调速时,电动机应选用变频电动机。电动机容量的选择就是对功率的选择,电动机功率与轴功率之间应有一定的安全系数。实践研究表明,电动机运行效率最高、能耗低的阶段,其功率一般应控制在 $5\%\sim100\%$。

对于容量为 $220\sim355$ kW 的电动机,有 380V、6 kV 及 10 kV 共 3 种电压可供选择。实际设计中,对容量 315 kW 以下的电动机一般采用 380 V,315 kW 及以上的电动机一般采用高压 10 kV,如果电动机容量过大时仍采用 380 V,绕组电流太大会造成铜耗增加,损耗增大。

二是电动机启动方式的选择。电动机的启动方式分为直接启动、软启动及变频启动。变频器一般要比同样规格的软启动器贵很多。直接启动设备简单,启动速度快,但对电网造成冲击,过大的启动电流会使电动机绕组发热,启动能耗增加,尤其当频繁起停时更是如此;软启动器转矩可以调节,启动平稳,无冲击电流,可自由地无级调整至最佳的启动电流,可以消除启动和停机时的水锤效应,非常适合各种泵类负载;变频器可以实现电动机的降压启动,完成软启动器的工作,还能使电动机调速运行,而软启动器却没有这项功能。供水泵站的机组大多需要调速来调节压力和流量,由于转速与流量成正比,功率与流量的 3 次方成正比,当水泵流量变化时,采用电动机的软启动与变频调速相结合的方式,通过改变电动机频率,可以有效地降低能耗,使机泵在一天内的平均转速降低,轴上的平均扭矩和磨损减小,使水泵的使用寿命延长;通过变频调速控制,能降低对变压器容量的要求,节省投资及运行费。

(3)开关及其他设备的选择

高压设备主要是变压器进线对应的设备,这些设备节能潜力相对不大,优化设计主要是从经济可靠及环保角度来考虑,可根据变压器容量不同合理选择高压设备型号,从保护对象配电变压器性能、继电保护性能、开合空载变压器的性能等方面进行分析。泵站低压断路器的选择宜根据保护对象的不同来选择,对于大容量电动机进线处的断路器,宜选择经济可靠的电动机保护型万能式断路器,对于小容量的电动机以及其他小动力负荷处断路器,则可选用电动机专用塑壳断路器,对于变压器低压侧出口的断路器,宜选择保护型分断能力高的万能式断路器。一般泵站 6~35 kV 配电装置规模较小时应优先考虑户外装配式配电装置,以节省投资。户内高低压配电装置一般选用成套开关柜,可选用 HXGN、KYN28A 型开关柜,若工程投资较少,选用 GG-1A 型。低压成套配电柜型式主要有:GCK、GCS、GGD、MNS 等。GCS、GCK 型抽屉式低压配电柜操作方便,可靠性高、出线回路多,占地面积小,互换性强,单元回路可实现额定电流 630A 及以下,因此根据实际情况可以首选 GCS、GCK 型。当受投资限制且进出线回路较少时可选用 GGD 低压开关柜。

(4)电气照明节能

在进行照明节能设计过程中,除了要考虑照明的视觉效果,也一定要考虑到照明的节能效果。要根据相关规范以及现场工作要求,合理设计照明方案。电气照明设计主要包含以下几点。

①合理利用自然光。当前在自然界中仍然有很多能源并没有被充分利用,自然光就属于其中一种。所以在进行水利工程电气照明节能设计时,应配合建筑设计充分合理地利用自然光,减少人工照明的布置及使用时间,有效节约人工照明电能。

②照明设计应选择高效光源。光源的节能效果取决于所采用光源自身的发光效率,在进行照明设计时,应根据使用场所选择高效节能光源,比如现阶段节能效果明显的 LED 光源,其因为发光效率高、显色性好、启动方便等优点,已渐渐成为主流。

③采用高效节能的照明灯具。科学合理的灯具选用能够有效实现光源的合理分配,光通量维持率高。优质高效的照明灯具可以更好地实现节能效果。

4.2.2.4 水泵变频调整节能技术

水泵变频调整节能技术是一种现代化的智能控制手段,应用于各类供水系统中,通过改变水泵电动机的供电频率来实现对水泵转速的精确调控,进而达到节能、高效、稳定供水的目标。

该技术的节能原理:根据流体力学原理,水泵的轴功率(P)与其转速(N)的立方成正比,即 $P \propto N^3$。这意味着当转速降低时,所需功率将以三次方速率下降。同时,流量(Q)与转速成正比,压力(H)与转速的平方成正比,即 $Q \propto N$,$H \propto N^2$。因此,通过降低不必要的高转速,可以在维持所需流量的同时显著减少能耗。

该技术有以下优势。

(1)节能效果显著:由于功率与转速的立方关系,即使是适度降低转速也能大幅节省电能。根据实际工况,变频调速系统可实现高达30%甚至更高的节能率。

(2)延长设备寿命:变频调速降低了水泵启动时的冲击电流,减少了机械磨损,同时避免了因频繁启停造成的设备应力集中,延长了水泵及其电动机、阀门等部件的使用寿命。

(3)提高供水质量:通过保持恒定的压力设定值,变频调速系统可以确保供水系统的稳定性,减少水锤现象,提升用户端的水压稳定性,从而提高供水服务质量。

(4)智能化管理:变频器通常与PLC(可编程逻辑控制器)或其他控制系统集成,实现远程监控、故障报警、数据记录等功能,便于运维人员进行精细化管理和故障诊断。

水泵变频调整节能技术通过精确控制水泵转速,实现了供水系统的高效节能、稳定运行和智能化管理,已成为现代水处理设施和供水网络中不可或缺的技术手段。

在水利工程领域,作为能耗大户的水泵系统自然成为节能降耗的重点对象。变频调整节能技术能够显著降低水泵运行能耗,符合国家政策导向和绿色低碳发展趋势,其推广应用受到政策鼓励和支持。

变频调速技术历经多年发展,已日趋成熟,产品种类丰富,性能稳定,且价格逐渐降低,性价比不断提高。随着技术的进步,变频器的体积更小、效率更高、功能更强大,易于集成到现有的水利工程控制系统中。加之其显著的节能效果,使得其投资回收期相对较短,具有良好的成本效益,增强了水利工程业主采用变频技术的积极性。

4.2.2.5 电动机节能改造

水泵电动机节能改造技术主要包括以下几个方面。

1. 高效电动机替换

核心原理:直接将原有低效率电动机更换为符合国家能效标准的高效电动机,如 IE3、IE4 等级别电动机,这些电动机设计优化,材料和制造工艺先进,能以较低的损耗实现相同的输出功率。

优势:高效电动机在全负载范围内具有较高的效率,长期运行中节能效果明显,且无需复杂的控制系统,改造成本相对较低。部分高效电动机还具有更好的温升控制和绝缘性能,提高了运行可靠性。

2. 永磁同步电动机(PMSM)应用

核心原理:永磁同步电动机采用永磁体励磁,无需额外的励磁电流,具有更高的功率密度和效率。配合变频器使用,PMSM 能在宽负载范围内保持高效运行,尤其适用于需频繁调节转速的场合。

优势:永磁电动机具有结构紧凑、体积小、重量轻、启动转矩大、调速范围广、功率因数高等特点,节能效果显著。尽管初始投资较高,但由于其长期运行中的节能效益,投资回报周期通常较短。

3. 电动机与泵一体化设计

核心原理:将电动机与水泵作为一个整体进行优化设计,确保两者在最佳工况点匹配运行,减少能量损失。这通常涉及定制化设计,确保电动机与泵的特性曲线完美契合,避免"大马拉小车"或"小马拉大车"的情况。

优势:一体化设计可以最大限度地减少传动损耗,提高整个驱动系统的效率。同时,由于系统集成度高,安装、维护更为简便。

4. 软启动与制动技术

核心原理:采用软启动器或其他智能启动设备替代传统的直接启动方式,降低启动电流对电网和电动机的冲击,减少启动阶段的能量损失。在制动过程中,通过能量回馈系统将电动机的再生能量返回电网或储存起来,避免能量浪费。

优势:软启动与制动技术有助于保护电动机及电网设备,减少维护成本,同时提高电能利用率。

5. 系统优化与维护管理

核心原理:通过对整个水泵系统(包括管路、阀门、控制策略等)进行全面评估和优化,消除不必要的阻力损失,确保水泵在设计工况点或接近设计工况点运行。定期进行设备维护保养,保持电动机、泵及附属设备的良好运行状态。

优势:系统层面的优化能够挖掘潜在的节能空间,而良好的维护管理则能保持设备效率,防止因设备老化、磨损等因素导致效率下降。

由于各地灌区工程泵站数量众多、能耗巨大,大规模应用节能改造技术,不仅可以大幅度降低整体能耗,减少运营成本,还有助于改善地区能源结构,减少碳排放。

同时,在智慧水利建设的大背景下,物联网、云计算、大数据等先进技术的融入,使得上述节能技术更容易集成到智能泵站系统中。远程监控、故障预警、智能诊断等功能的实现,将进一步提升泵站运行效率,降低运维成本,同时也便于对节能效果进行量化评估和持续优化。

4.2.2.6 中小型水泵进水流态改造

水泵的进水流态对运行效率有着显著的影响,具体表现在以下几个方面。

1. 均匀性和稳定性

进水流态不均匀可能导致水泵入口处的水流速度分布不均,局部区域存在漩涡或流速过快/过慢等现象。这种非均匀的流动状态会导致叶轮入口处的冲击损失增大,降低水力效率。叶轮无法充分利用进水能量,增加能耗的同时可能产生振动和噪声,进一步影响泵的整体性能和使用寿命。

进水流态不稳定,如波动、脉动或周期性的流量变化,会使得泵在运行过程中频繁经历负荷变化,难以稳定在最佳工况点工作。这不仅导致效率下降,还可能加速设备磨损,增加维护成本。

2. 进水含气量

进水含气过多(气蚀现象)会严重影响水泵的运行效率。气体进入叶轮流道后,因其压缩性远大于液体,导致叶轮对气体做功效率极低。同时,气泡在高压区溃灭时产生强烈的冲击和空化腐蚀,加剧叶轮和其他内部零件的损伤,大幅降低泵的性能和寿命。

进水含气量过高还会导致泵的吸入性能下降,表现为吸水困难、流量减少、扬程降低和功率消耗增加,严重时可能导致泵无法正常工作。

3. 进水压力

进水压力过低可能导致水泵无法形成有效的真空吸力,造成吸水不足或者气蚀现象,降低运行效率。特别是在潜水泵或自吸泵中,进水压力过低会显著影响其吸水性能,进而影响整体效率。

增压泵应用中,若进水管处压力过大,而出口压力增加不多,导致扬程差减小,会使泵运行在低效区,效率降低。此外,过高的进水压力可能导致密封问题,增加内部泄漏损失,影响泵的容积效率。

中小型水泵进水流态改造技术主要包括更换或接长喇叭管、设置预制导流锥等。

根据陆林广等人的《开敞式进水池节能技术改造方案的比较》研究成果,在已建泵站中,水泵喇叭管的悬空高度普遍偏高,在一定程度上降低了水泵装置的水力性能。

根据计算结果可知,即使进水池各参数已经实现了最优化,水泵叶轮室进口的流态仍有很大的改善余地。更换经过优化的喇叭管后,可在进水池优化的基础上,使水泵性能得到进一步的改善。在已建中小型泵站中,通过优化的喇叭管,在保持水泵安装高程不变的条件下,悬空高度适当减少,喇叭管高度适当增加,即可取得明显的效率提升效果。

在喇叭管下方设置导流锥常用作消除喇叭管下方涡带的一种措施。在进水流态较差、喇叭管下方有附底旋涡情况下,可以采用这种方法改善水泵进口的流态,水泵装置效率可在原来的基础上有所提高。

提升水泵运行效率对降碳工作具有重要意义,主要体现在以下几个方面。

1. 直接节能降耗

水泵作为广泛应用于水利工程的重要机械设备,其能耗在水利工程中占比超过 80%。提高水泵运行效率意味着在输送相同水量的情况下减少电能消耗,直接降低了能源消耗总量,有助于实现节能减排目标。

2. 推动能源结构优化

提高水泵运行效率有助于缓解电力供需矛盾,降低对传统化石能源的依赖,为清洁能源(如风能、太阳能、水能等)提供更多发展空间,有利于能源结构的清洁化、低碳化转型。

3. 提升资源利用效率

高效水泵在满足相同输水需求的前提下,减少了水资源输送过程中的能源损耗,提升了水资源利用效率,符合节水型社会建设的要求。节水本身就是一种间接的碳减排方式,因为水资源的开采、处理、输送和使用过程中也会产生一定的碳排放。

4. 经济效益与社会效益并举

提升水泵运行效率不仅能带来显著的节能减排效果,还有助于降低用户的运营成本,提高经济效益。长期来看,投资于高效水泵及系统优化的初始成本往往可以通过节省的电费快速回收,实现经济效益与环境效益的双赢。同时,这也符合社会对绿色、可持续发展的期待,有助于提升企业的社会责任形象和社会认同感。

综上所述,提升水泵运行效率对于降碳工作具有直接、显著且深远的影响,是实现能源节约、碳排放削减、能源结构优化、资源利用效率提升以及经济效益与社会效益协同的重要途径,对于推动经济社会绿色低碳转型具有重要意义。

4.2.2.7 智能算法与 GIS 技术应用

随着社会、经济的发展以及人口数量的急剧增长,人类对水资源的需求量越来越大。在水资源日益短缺的情况下,科学合理地规划与管理灌溉水资源对提高水分利用率和保障粮食安全具有十分重要的意义。某公司结合多年灌区设计经验提出了用于灌溉水资源时空优化配置的多层次多尺度框架,整个框架涵盖灌区尺度到田间尺度,中间以渠系尺度作为连接,从综合管理与技术集成的角度出发来考虑如何实现灌溉水资源在时间与空间上达到最优化配置;可以根据具体实际情况来建立各类单目标或多目标模型,并利用现代智能算法对这些模型进行求解来制定最优配水方案,既可以从空间尺度上总体控制灌溉用水总量,也可以从时间尺度上减少灌溉水量的损失。

1. 灌区尺度灌溉水量优化配置

在获取、分析研究区内多源多类空间信息及属性资料的基础之上,厘清各级渠系之间的相互隶属关联关系,及其所控制灌溉面积等。基于作物-水模型与农田水量平衡,对灌溉用水量关系进行系统性研究,分析影响灌溉增产效益的因素,确定优化目标及约束条件,建立灌溉水量优化分配模型,并利用智能算法对模型进行求解,来寻求最优的灌溉面积和配水流量,进而实现灌区尺度上的灌溉多目标智能优化管理。

首先根据研究区实际情况和具体需求构建多目标灌溉水量优化配置模型,并利用由遥感与 GIS 技术获取的数据来对模型进行实例化处理,采用多目标智能算法来求解此模型。上级渠系来水量是由传统人工计算所得,此时计算结果表明,与将这些水量按传统比例关系分配至不同作物的人工配水方案相比较,利用多目标优化配置模型可节约水量 23.51%。

2. 渠系尺度最优轮灌组合划分

在完成灌区尺度水量优化配置之后,需要通过对渠系尺度进行优化将水量合理、高效地配送至田间不同种类的作物。灌溉渠系优化配水一般是通过优化轮灌组合,来对灌溉水量进行配送。在已厘清配水渠道和被配水渠道的基础之上,借鉴国内外渠系优化配水模型,根据实际情况来构建适合研究区的最优轮灌模型,并选择不同的智能算法对模型进行求解,来完成对轮灌渠道工作制度的编制工作。

得到将灌溉水资源量分配至研究区子区域不同种类作物的最优化方案之后,研究如何将这些灌溉水资源量通过各级渠系输送至研究区需水最末端,即在渠系尺度上对灌溉水资源进行优化分配,采用"组间续灌,组内轮灌"的工作方式,同时选择总配水时间最短与轮灌组之间引水持续时间差异值最小作为优化目标,来构建多目标渠系优化配水模型。研究结果表明通过渠系优化配水模型,不论是基于多目标粒子群算法,还是多目标蚁群算法,其在求解多目标渠系优化问题时所寻找到的最优轮灌组合,并依此来制定的灌溉计划均优于传统的人工方式。较之于传统人工方式所规定的轮灌周期,优化后的轮灌周期可节约约32.44%的时间,且在研究中将管理部门此前未曾考虑的各轮灌组之间引水持续时均差异值最小这一问题也作为一个需要优化的目标。

3. 基于 GIS 的灌溉水资源管理系统

在灌区尺度和渠系尺度的灌溉水资源得到优化配置的基础上,为提升灌区管理与决策水平,更加直观、高效地对灌溉水资源进行优化配置,基于 GIS 技术,整合灌溉水资源多目标优化配置模型以及多目标智能算法,基于 GIS 的灌溉水资源管理系统被研制开发出来。其既包括地理信息系统基本功能的实现,也反映了行业应用的特点,具有针对灌溉水资源管理的专业功能;该系统可应用于灌区日常运营管理,可以提升使用者的管理水平与科学决策能力,提高灌溉水资源利用率。

基于系统性策略来研究灌溉水资源优化配置问题,既可以从时间尺度上总体控制灌溉用水总量,也可以从空间尺度上减少灌溉水量的损失,为提升灌区灌溉水资源管理水平、提高水分生产率以保障粮食安全提供科学依据与技术支撑。

4.2.2.8 装配水工建筑的推广应用

装配式水工建筑是由预制部品部件在工地装配而成的工程结构。与现浇式水工建筑相比,装配式水工建筑施工方式碳排放量在建材生产及施工阶段均有一定程度的减少。一方面,装配式水工建筑采用集约规模型数字化生产模式,在一定程度上减少了材料消耗;另一方面,其后期采用机械化安装方式,大幅度规避了建筑废弃物的出现,能耗减少超 20%,节能减排优势明显。

该技术有以下优点。

1. 建造速度快

预制构件在工厂内批量生产,完成后运至施工现场组装,大大减少了现场湿作业和依赖良好天气的施工环节,从而显著缩短施工周期。

2. 质量稳定可靠

工厂化生产环境控制严格,采用标准化流程,使得构件尺寸精确、质量易于监控,降低了因人为因素导致的质量波动,减少了墙体开裂、渗漏等常见质量问题,提高了整体结构的安全等级、防火性和耐久性。

3. 环保节能

减少现场湿作业意味着降低水资源消耗和废水排放,同时减少施工现场的工程废弃物,有助于减少环境污染。

工厂生产过程中材料利用率高,减少物料损耗,且部分装配式水工建筑采用轻质、高性能材料,有助于提升水工建筑的保温隔热性能,降低能耗,实现绿色节能。

4. 提高工程质量和施工效率

标准化设计、工厂化生产和装配化施工,减少了人工操作和劳动强度,确保了构件质量和施工质量,从而提高了整个工程项目的质量和施工效率。

在水利工程建设中,护岸施工可应用整体装配式施工技术。以整体装配式护岸施工为例,装配式护岸的构件尺寸根据护岸高度、结构受力和满足吊装施工工艺等方面的要求确定;在满足受力的要求下运用锁扣连接或从顶部浇筑混凝土进行接头连接等方式将各构件之间进行连接以保证结构的整体性;而后,对构件进行深化设计(如混凝土配方、吊点布局等),生产适合批量作业和现场施工便利的构件,实现构件工厂化生产;最后合理安排施工方案,减少施工措施投资,降低施工难度,包括起吊设备的选择、吊装就位技术研究、预制件的连接技术研究以及施工阶段的观测。

通过产业化的生产构配件,保证构配件的生产质量。预制装配式结构体系的发展,不仅可以解决施工中存在的问题,而且可以提高劳动生产率,提高工程质量,最终实现工程建设工业化,从而大幅提高河道工程建设的经济效益、生态效益和社会效益。

4.2.2.9 房屋保温节能技术

水工建筑物在使用过程中,除水泵、水闸消耗大量电能外,在房屋供暖、空调、照明等方面也消耗了大量能源。良好的保温技术能够有效减少热量传递,使水工建筑物内部温度更稳定,从而显著降低供暖和制冷设备的运行负荷,节省能源消耗。据相关数据,外墙的能量损失占建筑总能耗的 $23\%\sim34\%$,这凸显了外墙保温对降低建筑能耗的关键作用。

强化水工建筑物保温有助于提高能源利用效率,减轻对传统能源的需求压

图 4.13　灌区工程预制渡槽

力。这不仅有利于现有清洁能源（如太阳能、风能、地热能等）的更大规模应用，也有助于激发新能源技术研发与市场推广，加速能源结构向低碳、零碳方向转型。

1. 高效保温隔热外墙体系

提高水工建筑的保温性过程中遇到的最大难点是容易形成冷凝水，从而破坏墙体。因此无论是从保温效果还是从外饰面安装的牢固度和安全性考虑，外墙外保温及饰面干挂技术都是较好的外墙保温方式。

外保温的形式首先可有效构建水工建筑保温系统，达到较好的保温效果，减少热桥的产生；其次，保温层与外饰面之间的空气层可形成有效的自然通风，以降低空调负荷、节约能耗并排除潮气保护保温材料；最后，外饰面有挂件固定，非粘接，无坠落伤人危险。

2. 高效门窗系统与构造技术

高效门窗系统包括断桥铝合金窗框、中空玻璃、窗框与窗洞口连接断桥节点处理技术。主要方法是通过在外窗安装断桥铝合金中空玻璃窗户，同时改善窗户制作安装精度、加安密封条等，来减少空气渗漏和冷风渗透耗热。值得注意的是,如果采用高性能门窗,玻璃的性能至关重要,高性能玻璃产品保温隔热性能比普通中空玻璃高出一到数倍。

高效门窗系统的优势如下。

(1)具有优良的抗风抗压性能及水密性、气密性。铝合金相对塑料门窗物理性质更加稳定。

(2)稳定性佳。门窗系统有自己独立的技术部门,会针对系统门窗的各部件进行严格的测试和检验,因此各个部件搭配得非常好,不容易出现故障,也就是我们常说的稳定性好。

(3)环保性能好。原材料为断桥铝,环保价值远高于木制、塑料产品。

3. 热桥阻断构造技术

热桥是热量传递的捷径,不但造成相当的热量损失,而且会有局部结露现象,特别是在建筑外墙、外窗等系统保温隔热性能大幅度改善之后,问题愈发突出。

因此在设计施工时,应当对诸如窗洞、阳台板、突出圈梁及构造柱等位置采用一定的保温方式,将其热桥阻断,以达到较好的保温节能效果并增加舒适度。

热桥阻断技术在国外已有先进的技术和广泛的应用,如在消除阳台楼板冷桥构造方面,德国已有非常成熟的产品,如钢筋/绝缘保温材料埋件等。这种产品在施工中埋入混凝土楼板,施工简便,效果非常好。国内完全有能力开发这类产品,也会有很好的市场反应。

4. 太阳能系统

对太阳能的利用总体上可分为两类:太阳能集热板集热及太阳能光伏发电。太阳能集热板集热技术较为成熟,设备材料价格也不昂贵,有一定的应用。

太阳能系统的优势如下。

(1)低耗能。无能源枯竭危险,无需消耗燃料和架设输电线路即可就地发电供电。

(2)安全环保。无噪声,无污染排放,清洁干净。

(3)安装方便。不受资源分布地域的限制,可利用建筑屋面的优势;建设周期短,获取能源花费的时间短。

5. 地源热泵系统

地源热泵机系统在冬季可为空调系统提供热量,在夏季可为冷热源系统提供冷气,此外,该系统还可以为日常管理工作提供生活热水。

地源热泵系统利用地下土壤、岩石及地下水温度相对稳定的特性,输入少量的高品位能源(如电能),通过埋藏于地下的管路系统与土壤、岩石及地下水进行热交换。

夏季,通过对室内制冷将建筑物内的热量搬运出来,一部分用于提供免费生活用热,其余换热到地下储藏起来;冬季,把地下储藏的低品位热能通过热泵搬运出来,实现对建筑物供热及提供生活热水。

地源耦合热泵的能耗很低,仅为常规系统能耗的 25%～35%,它由水循环系统、热交换器、地源热泵机组、空调末端及控制系统组成。

6. 变风量空调系统

变风量系统是由变频中央空调系统配以变风量(VAV)末端设备组成,是一种高舒适度、低能耗的空调系统。

变风量系统的优势如下。

(1)智能运行。系统中的能耗设备均可进行变频调节能量输出,即使在较低负荷的情况下,也能通过变频调节而运行工作。

(2)使用舒适。系统中各个房间可独立启停及调节温度,并且互不影响,给使用者创造了极高的舒适度。

(3)节约能源。变频技术是在建筑物空调负荷需求发生变化时(如室内人员、室外温度、太阳辐射强度的变化),通过对冷水机组、水泵、风机等设备进行变频调节来降低能量输出以适应负荷需求。整体节能效果可达到30%～40%。

4.2.2.10 低碳光伏建材

光伏板作为技术已成熟的新型建材,在低碳水工建筑设计、施工中发挥举足轻重的作用,正在被越来越多的水利工程配套建筑物采用。

光伏建筑一体化是一种先进的太阳能技术应用概念。它代表了将太阳能光伏发电组件直接融入建筑物结构中的设计和施工方法,这些组件既具备发电功能,又具备建筑材料的特性,担负能源生产和建筑材料的双重角色。与传统的在现有建筑上附加光伏板不同,光伏建筑一体化强调光伏组件与建筑的一体化整合,如光伏屋顶、光伏玻璃窗、光伏幕墙等,这些组件可以直接替代传统的建筑材料,成为建筑整体结构的一部分。

1. 光伏幕墙

光伏幕墙粘贴在玻璃上,镶嵌于两片玻璃之间,通过电池可将光能转化成电能。它是一种高科技产品,是集发电、隔音、隔热、安全、装饰功能于一身的新型建材。光伏幕墙本身具有很强的装饰效果。玻璃中间采用各种光伏组件,色彩多样,使建筑具有丰富的艺术表现力。建成后幕墙使大楼充分利用太阳能,最大限度地减少能耗,实现绿色节能目标。

图 4.14　光伏幕墙建材

2. 光伏瓦

光伏瓦将光伏模组单元通过涂胶压合封装入瓦片,赋予建材光伏发电的属性,是光伏建筑一体化的一种表现形式。

图 4.15　光伏瓦建材

该产品具有安全、美观、节能、健康等优势,同时安装方便,质量可靠。光伏瓦屋面造型各异,节点复杂,可适配多种水工建筑风格。

3. 智能玻璃

智能玻璃,也称为光控玻璃或可切换玻璃。它可根据需要改变透光量,使自身看起来透明、半透明或不透明,从而允许更多或更少的热量进入,达到减少水工建筑物能耗的目的,可使建筑物减少 25% 的供暖和制冷所需负荷、60% 的照明用能、30% 的峰期电力需要量。

4.2.3 绿色生态系统固碳

作为降低碳排放最有效、最易施行的方式,生态系统固碳技术在水利工程建设中应用极为广泛,基本上所有类型的水利工程中均可应用。该技术是指利用生态系统自身或通过人为干预增强其吸收、储存大气中二氧化碳(CO_2)的能力的技术手段。这些技术主要集中在森林、草原、湿地、农田等自然生态系统以及人工管理的农业、林业系统中。

该技术核心目标是实现水资源开发利用与生态环境保护的协调统一,促进水利事业的可持续发展,以满足人类社会经济需求的同时,最大限度地减少对自然环境的负面影响,保护生物多样性,维护生态系统健康,以及提升水资源的综合效益。

森林、草地、湿地等生态系统中的植物通过光合作用,将 CO_2 转换为有机碳固定在植被或土壤中,从而实现碳汇功能;而水作为重要的生态因子,影响着植物的生命活动及土壤状态,从而影响生态系统固碳能力。在水利工程的规划和设计中,优先考虑生态保护和恢复,减少对生态环境的破坏和碳排放。通过改善水生态,丰富水环境中的物种多样性,积极开发水生态的碳捕集和碳封存技术,加强水体固碳功能,从而提升水体的固碳能力,助力水生态绿色低碳模式的建成,从而在传统水利中融入"绿水青山就是金山银山"的理念。

4.2.3.1 森林生态系统固碳技术

植树造林与再造林:在水利工程管理范围内大规模种植树木,恢复森林植被,增加碳汇面积。应选择适宜当地气候条件、生长快且碳吸收能力强的树种,如速生林、混交林等。

森林保护与可持续管理:严格保护现有林木,防止非法砍伐和毁林,实行科学的森林经营,如间伐、择伐等,维持森林健康状态,延长碳储存周期。

老林改造与枯死木管理:对老龄、病虫害严重的林木进行更新改造,促进林分结构调整,增加生物多样性,提高林木整体固碳效率。合理处理枯死木,既能防止其成为碳源,又能利用其作为生物碳汇。

林下植被与土壤管理:鼓励林下植被生长,增加生物量和土壤有机碳含量;实施覆盖物管理、有机肥施用、减少土壤扰动等措施,改善土壤结构,增强土壤碳封存能力。

科学家们通过对 215 种华东地区常见绿化植物进行光合速率测定,并将其转化为单位面积固碳量,发现不同植物的固碳量有着较大差异,例如乌冈栎、垂柳、糙叶树、乌桕等植物的固碳能力较强;而另一些植物如椤木石楠、山茶等的固碳能力则相对较弱。

华东地区日常可见的泡桐、槐树、黑松、乌桕等树木,一株植物一天能够固定 500 克以上的二氧化碳,并释放 360 克以上的氧气。

相比之下,日本晚樱、红枫、白玉兰、山茶、黄杨、罗汉松等老百姓喜闻乐见的树木种类的固碳能力相对较弱,而它们的景观效果、文化价值更突出。

筛选出固碳能力强的树种后,需要加以适当搭配,才能发挥最大的固碳效果。科学家发现群落结构复杂,乔木、灌木、草本层兼备的植被结构,通常具有较强固碳能力;常绿落叶混交林比单纯的常绿林或落叶林具有更强的固碳能力。

图 4.16　景观搭配林

环境中植被的多样性越高、组成越复杂、层次越多,这一环境中植物的总固碳能力就越强,乔木、灌木组成的落叶阔叶林,固碳能力可达 7.74 吨/(公顷・年),乔木、灌木、草本层兼备的落叶阔叶林,固碳能力增加到了 9.32 吨/(公顷・年)。

表 4.1 常见树种碳汇能力

分级	强	较强	一般
$CO_2(g/d)$	>500	100~500	<100
$O_2(g/d)$	>360	72~360	<72
树种	泡桐、槐树、黑松、乌桕	红千层、喜树、臭椿、麻栎、结香、青灰叶下珠、夹竹桃、垂柳、悬铃木、无患子、福建紫薇、香樟、枫杨、樟叶槭、朴树、梧桐、海棠、化香、栾树、浙江柿、乌岗栎柿、豆梨、珊瑚树、银杏、杂种鹅掌楸、丝棉木、紫椴、扁担杆、女贞、木芙蓉、黄檀、杨梅、广玉兰、油柿、铜钱树、腊梅、红叶李、三角槭、通脱木、雪松、山茱萸、枇杷	金丝桃、缺萼枫香、榉树、紫薇、石楠、棕榈、含笑、桃、光皮树、桂花、枸骨、卫矛、冬青、龙柏、日本晚樱、红枫、厚皮香、日本女贞、山麻杆、红豆树、鸡爪槭、八角金盘、白玉兰、郁李、阔叶十大功劳、栀子、山茶、红花檵木、黄杨、洒金东瀛珊瑚、中山柏、罗汉松木瓜、香榧、十大功劳、重阳木

4.2.3.2 农田生态系统固碳技术

扬州所在的长江中下游地区农作物以水稻、油菜、小麦、玉米为主,该地区是我国典型的双季稻产区,水稻种植面积在所有作物中占绝对优势,为 $1.479 \times 10^7 \ hm^2$。该地区主要农作物生产固碳量为 84.86 TgC,固碳贡献主要来自水稻,占总固碳量的 75.44%,其次为油菜(11.98%)、小麦(7.38%)和玉米(5.20%)。长江中下游地区作物生态系统净生产力表现为水稻(4 327 kg C・hm^{-2})>玉米(2 477 kg C・hm^{-2})>油菜(2 474 kg C・hm^{-2})>小麦(1 136 kg C・hm^{-2})。该地区农田土壤年固碳量为 3.69 TgC,占全国年固碳量的 13.93%。水稻、玉米、油菜和小麦的碳效率分别为 4.75、2.38、2.48 和 1.62。长江中下游地区整个农田生态系统固碳效应显著。

扬州农作物生产固碳减排的技术模式与途径如下。

(1)增加农田碳汇。长期免耕有利于增加土壤碳库。长期保护性耕作下,我国农田表土有机碳含量总体呈上升趋势,水田比旱地更有利于促进有机碳的积累。最近几年发表的一些代表性的长期试验研究成果显示,扬州地区在配方施肥和有机、无机配合施肥条件以及良好的农作制度下,农田土壤有机碳均呈普遍的上升趋势。

(2)增加作物碳汇。扬州地区是典型的多熟制区域,种植制度多为稻-稻、稻-油等,该区域的固碳贡献优势表现在水稻上,因此首先可以考虑从增加熟制上来增加农作物产量进而增加碳汇,比如采用稻-稻-油,稻-稻-菜等种植制度。其次,需要进行潜力开发,结合育种与栽培方式提高作物单产,尤其是水稻和油菜的产量。同时,种养结合,合理布局,调整种植结构,采用轮作、间作套种等栽培措施,提高复种指数,实现作物碳汇的增加。

(3)减少碳排放。减少碳排放的主要措施包括选择适宜作物品种、耕作方式,合理施肥、灌溉管理,以及种养结合等,其中灌溉管理是最简单而且效果最明显的措施。例如,在生产实践中选育土壤氧化层根系发达、厌氧层根系分布少、通气组织不发达、根系分泌物少的品种,有利于促进根际形成有氧环境和提高甲烷氧化菌的活性,抑制甲烷产生菌的活性。如采用杂交稻替代常规稻,不仅经济效益显著,在减少甲烷排放的同时还能增加水稻的产量。稻季土壤耕作方式对水稻生长季甲烷排放总量有显著或极显著的影响,例如在稻麦两熟制农田采用周年旋耕措施能有效减少水稻生长季甲烷的排放。在肥料使用上,通过有机肥和化肥配合施用,增加酸性肥料、添加甲烷产生菌抑制剂(如碳化钙)等均可以减少甲烷的产生。采用合理的水分管理方式,如稻田淹水和烤田相结合是减少甲烷排放的理想措施,适当间歇烤田能大幅度减少甲烷的排放量。此外,稻田生态养殖具有显著的减排效果。

精准农业技术:通过精准施肥、灌溉、播种等手段,减少化肥和农药的使用,降低农田 N_2O 排放,间接有助于土壤碳积累。

农田碳汇项目:如草地改良、退化土地恢复等,通过改善土地利用状况,增加植被覆盖,提高农田碳汇。

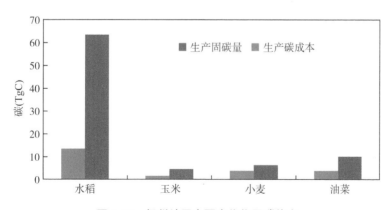

图 4.17 扬州地区主要农作物固碳能力

4.3 原材料生产运输阶段减排路径

原材料生产运输阶段是碳排放的重要源头,对全链条碳效率有直接影响,且符合政策导向和社会期待,具有显著的示范效应。通过对这一阶段进行有效管理,可以实现显著的碳减排效果,推动产业绿色转型,为应对全球气候变化做出贡献。在该阶段采取降碳措施的重要性体现在以下几个方面。

1. 碳排放集中环节

原材料生产和运输是工业生产过程中的重要环节,尤其是对于大型水利工程这样的建设项目,往往涉及大量钢材、水泥、砂石骨料等高能耗、高排放原材料的生产和长途运输。这两个阶段碳排放通常占整个项目生命周期碳排放的较大比例,是碳排放的集中环节。

2. 源头减排效果显著

由于原材料生产和运输阶段位于供应链的上游,对这一阶段实施有效的降碳措施可以直接减少进入下游生产环节的碳排放源头。相比在下游进行减排,源头减排往往更具成本效益,且效果更为显著,有利于实现全链条的低碳化。

3. 能源消耗与排放密集环节

原材料生产过程中,能源消耗主要来自矿石开采、原材料加工、高温冶炼等工序,这些过程往往伴随着大量的化石能源消耗和直接碳排放。运输环节则涉及车辆、船舶、火车等交通工具的燃油消耗,以及仓储、装卸等辅助活动的能耗,同样属于能源消耗与排放密集环节。

4. 影响供应链整体碳效率

原材料生产运输环节的碳排放直接影响供应链的整体碳效率。通过优化原材料选择、改进生产工艺、采用低碳运输方式等措施,可以提升供应链的整体能效,降低单位产出的碳排放量,推动供应链向绿色、低碳方向发展。

4.3.1 原材料生产阶段降碳路径

4.3.1.1 固碳混凝土工艺推广

混凝土是地球上仅次于水的第二大消耗材料,其产量每年都在大幅增长,预计 2050 年将达到 55 亿吨。混凝土的生产是以巨大的环境污染为代价的,其碳排放量几乎占全球碳排放量的 8%。根据《建筑碳排放计算标准》GB/T51366—2019,每立方米 C30 和 C50 混凝土隐含 CO_2(碳排放因子)分别为 295 kg 和

385 kg。

随着对低碳水工建筑物隐含碳排放的愈加关注,人们对于混凝土的低碳替代方案有着更广泛的需求。而矿化固碳混凝土就是混凝土的关键替代技术之一。其原理是通过收集工业排放的二氧化碳并将其注入混凝土中,使其与混凝土中早期水化成型后的胶凝成分和其他碱性钙、镁组分之间形成矿化反应,在混凝土内部孔隙和界面结构处形成碳酸盐产物,从而将二氧化碳永久固结在混凝土中,在实现二氧化碳封存利用的同时,提高混凝土的强度和耐久性。

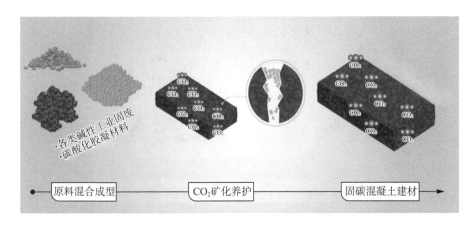

图 4.18　矿化固碳混凝土技术原理图

该技术可以在不降低混凝土建材质量的同时,减少 30％原材料中的水泥用量,实现固废的循环利用,同时将捕集的废弃二氧化碳高效利用到混凝土的制造流程环节中,使用二氧化碳气源替代传统高能耗高排放蒸汽,可减少混凝土全生命周期近 80％碳排放。

4.3.1.2　低碳原材料应用

水利工程建设中将消耗大量原材料,部分原材料生产过程中碳排放量巨大,对该种类型的原材料进行优化,可有效减少水利工程在建设过程中对环境的影响,符合绿色低碳建设的理念,有助于实现工程项目的可持续发展目标,以下列出部分可优先应用的低碳原材料。

1. 低碳水泥:采用低熟料水泥(如矿渣水泥、粉煤灰水泥、复合水泥等),这些水泥类型在生产过程中能大量利用工业废弃物作为原料,降低熟料(石灰石煅烧产物,碳排放大户)的使用量,从而减少碳排放。

2. 再生钢材:将回收的废旧钢材经过熔炼、精炼等过程制成再生钢材,相较

图 4.19　成品固碳混凝土

于生产新钢材,可显著减少能源消耗和碳排放。

3. 再生骨料:利用建筑废弃物、道路拆除材料等经破碎、筛分、清洗后制成的再生骨料,替代部分天然砂石,减少对自然资源开采和运输过程中产生的碳排放。

4. 生态混凝土:采用天然或人造轻质骨料(如浮石、陶粒、泡沫玻璃颗粒等)替代部分传统骨料,降低混凝土密度,减少材料用量,同时提高混凝土的保温隔热性能。

5. 可持续采伐木材:选择经可持续森林管理(如 FSC)认证的木材,确保木材来源的碳中和或碳负性。

6. 竹材:在某些应用场景中,可考虑使用生长快速、碳汇能力强的竹材作为木材的替代品,尤其是在临时结构、护坡、景观等方面。

7. 再生沥青:废旧沥青路面材料经过再生处理后可重新用于道路建设,减少新沥青材料的生产和使用,降低碳排放。

8. 生物降解或可回收土工材料:选择生物降解或易于回收利用的土工布、土工格栅等,减少废弃物处理时产生的碳排放。

4.3.1.3　生产工艺改进

生产工艺的改进,可以从源头、过程到末端全方位降低碳排放,实现生产过程的绿色化、低碳化。这些改进措施不仅有助于企业履行社会责任,满足环保法规要求,还可以提高资源利用效率,降低成本,增强市场竞争力,实现经济效益与环境效益的双重提升。

生产工艺的改进降低碳排放主要是通过以下几个方面实现。

1. 提高能源效率

设备升级:采用高效、节能的生产设备替代老旧、低效设备,如高效电动机、节能锅炉、智能控制系统等,降低单位产品能耗,从而减少能源消耗引起的碳排放。

工艺优化:改进工艺流程,减少不必要的步骤或能源密集环节,如采用连续生产代替间歇生产,减少停机和启动过程中的能源浪费。或者通过改进化学反应条件、物理处理方法等,提高反应速率或分离效率,降低能耗。

2. 能源结构调整

替代能源使用:在生产工艺中引入可再生能源,如太阳能、风能、生物质能等,替代部分或全部化石燃料,直接减少碳排放。

余热回收利用:对生产过程中产生的大量废热进行有效回收,用于预热原料、加热厂房、发电等,减少对外部能源的需求,降低碳排放。

3. 智能化与数字化技术应用

生产过程监控与优化:通过物联网、大数据、人工智能等技术实时监测生产过程,精准调控能源使用,减少无效或低效能源消耗,降低碳排放。

预测性维护与故障预警:通过数据分析提前预测设备故障,及时进行维护,避免因设备故障导致的能源浪费和碳排放增加。

4. 标准化与管理体系

引入低碳标准与认证:按照国际或国内低碳产品、低碳工艺标准进行生产,获得相关低碳认证,确保生产工艺符合低碳要求。

建立碳排放管理体系:实施 ISO 14064 等碳排放核算与报告标准,建立完善的碳排放数据监测、记录、报告和核查体系,为碳排放管理提供科学依据。

4.3.2 原材料运输阶段降碳路径

运输方式优化是节能减排的重要手段之一,具体措施可以从以下几个方面实现。

1. 运输结构优化

多式联运:采用公铁联运、公水联运、铁水联运等多种运输模式,充分发挥不同运输方式的优势,比如铁路运输和水路运输的单位能耗和碳排放相对较低。

2. 运输工具绿色化

新能源车辆推广：鼓励使用电动车辆、混合动力车辆、氢燃料电池车辆等清洁能源车辆，替代传统的燃油车辆，减少尾气排放。

提高燃油效率：对于不能立即更换为新能源的运输工具，可通过技术改造提高燃油效率，如采用低滚动阻力轮胎、改进空气动力学设计、使用高效传动系统等。

3. 物流路径优化

智能调度系统：利用先进的算法和信息系统进行货物运输路线优化，减少空驶里程和等待时间，提高运输效率，间接降低能源消耗。

合理装载与配载：通过合理安排货物装载空间和重量，提高运输工具的装载率，减少无效运输次数。

4. 高效装卸

采用机械化、自动化装卸设备，缩短装卸时间，减少怠速等待下的燃油消耗。

5. 资源共享与整合

拼单运输：通过互联网平台整合分散的运输需求，推行拼单运输模式，避免单独派送造成的能源浪费。

第三方物流服务：利用专业的物流公司，通过规模化运营、统筹管理，提高运输效率和资源利用率。

4.4 施工阶段减排路径

施工阶段是水利工程全生命周期中碳排放最为集中的阶段，主要包括施工机械、设备的运行、建筑材料的生产与运输、临时设施搭建、土石方挖掘与运输等活动，这些都直接或间接产生了大量的碳排放。施工阶段在水利工程全生命周期降碳工作中占据核心地位，在其过程中采取有效的降碳措施，对于实现整个项目乃至整个行业的可持续发展具有重大意义。通过不断技术创新和管理改进，施工阶段的降碳潜力巨大，对于达到碳排放目标具有极为重要的作用，主要体现在如下几个方面。

1. 是低碳技术与方法的实践场所

施工阶段是推广和实践低碳技术、绿色施工方法的最佳时期，如采用低碳建材、节能施工机械、智能施工技术、预制装配技术、绿色施工管理体系等，可以大幅削减施工过程中的碳排放。

2. 是长远效益的奠基阶段

施工阶段的降碳措施不仅直接影响工程当时的碳排放，而且对后期的运维阶段也起到关键作用,例如选择低碳建材可以降低水工建筑物生命周期内总碳排放,优化设计和施工则可以提高设施的能效和使用寿命。

3. 是社会示范与行业引导

施工阶段的降碳工作是展现水利工程绿色建设成果、体现社会责任的重要窗口,通过施工阶段的低碳实践,可以为同行业和其他基础设施建设树立低碳环保的标杆,推动整个行业走绿色发展之路。

4. 是政策执行与监管重点

相关政府部门在制定和执行绿色水工结构、低碳施工等相关政策时,往往把施工阶段作为重点关注和监管的对象,通过政策引导和加大监管力度,确保施工单位在施工阶段切实执行各项降碳措施。

降低水利工程施工阶段碳排放可以从施工节能设备选型、施工工艺与方法优化、清洁能源使用、材料管理与运输、绿色施工管理、废弃物管理与资源循环利用等方面着手。

4.4.1　施工节能设备推广

常见的节能设备类别及具体设备实例如下。

4.4.1.1　电动或混合动力机械设备

新能源工程机械经济效益优势明显。在成本端,电池占电动工程机械总成本的40%~50%。随着锂电池产业链的逐渐完善,锂离子电池组的价格快速降低。电动工程机械市场在政策驱动下爆发,相对于传统燃油工程机械,电动工程机械的经济性是通过使用过程体现的,就使用期内综合总成本来说,电动工程机械更具优势。运营端成本节约是电动工程机械真正能够替代传统燃油工程机械的主要经济因素。

在国家实现"双碳"目标、构建双循环新发展格局的背景下,随着"三电"技术的逐步成熟,电动化产品制造成本不断降低,工程机械作为生产资料,相比燃油工程机械,电动工程机械的全生命周期成本更具备吸引力和经济性,电动化成为工程机械绿色发展的重要方向之一。从政策来看,近几年工程机械行业相关政策主要偏向于老旧高污染工程机械产品出清,引导工程机械行业清洁化、高科技化发展。

我国经济发展空间巨大,基础设施建设规模庞大,工程机械市场仍处于上升期,存量更新和新增需求并重,"十四五"期间工程机械领域仍大有可为。

目前,我国工程机械主要分为土方机械(挖掘机、装载机、推土机)、起重机械

图 4.20　电动挖掘机

（起重机、履带吊、塔机）、混凝土机械（混凝土泵车、搅拌车）、路面机械（平地机、压路机、摊铺机）、高空作业机械（高空作业平台、高空作业平台车）、工业车辆（叉车、牵引车）六大类。工程机械主要产品保有量超过 900 万台，并以每年超 40 万台的速度增长。目前传统工程机械的能源主要是柴油，新能源工程机械的渗透率不足 1%；对比新能源汽车，2024 年国内新能源汽车渗透率已经达到 35%，远远超过工信部规划的 2025 年达到 20% 的目标。参考国内新能源汽车渗透率的快速提升，在政策推动和环保压力倒逼的背景下，在未来几年工程机械电动化渗透率也将快速提升。

在成本端，电池占电动工程机械总成本的 40%～50%。随着我国锂电池产业链的逐渐完善，锂离子电池组的价格快速降低。2013—2021 年全球锂离子电池组平均价格不断下降，由 2013 年的 684 美元/千瓦时下降至 2021 年的 132 美元/千瓦时。根据历史趋势预测，到 2024 年电池组平均价格有望降低到 100 美元/千瓦时以下。

相对于传统燃油工程机械，电动工程机械的经济性是通过使用过程体现的。由于电池价格较高，导致电动工程机械造价偏贵，价格上相对传统燃油工程机械仍不具备优势，但是在运营过程中，使用电能的成本远小于使用燃油，经济性在频繁使用中不断提升，电动工程机械使用期内综合总成本反而具有优势。

运营端成本节约是电动工程机械真正能够替代传统燃油工程机械的主要经

济因素。通过测算发现当前电动工程机械使用端成本较燃油工程机械有较大优势,节约的成本完全可以覆盖购置端成本。

以装载机为例,在购置端,纯电动装载机价格在 80 万元左右,燃油装载机售价 35 万元左右。在使用成本上,以每天运营 10 小时,每年运营 300 天计算,纯电动装载机每小时耗电 45 千瓦时,充电价格 1.5 元/千瓦时,年运营费为 20.25 万元;燃油装载机每小时油耗 20 升,当前柴油价格 8.7 元/升,年运营费 52.20 万元。在保养维修上,燃油装载机每年费用 3.04 万元,纯电动装载机每年费用 1.53 万元。综合 5 年周期内纯电动装载机运营费用在 108.9 万元以上,燃油装载机运营费用在 276.2 万元以上,完全可以覆盖购置端 45 万的差价。

4.4.1.2 高效能施工设备

1. 新型混凝土搅拌站

随着商品混凝土在水利工程中的大规模推广和普及,新型混凝土搅拌站也得到了快速发展,该设备采用高效搅拌主机、节能控制系统和热回收系统,可大幅减少电力消耗和热量损失,对比常规搅拌站,该型设备的优势如下。

(1)可靠性较高

混凝土搅拌站的关键部件如搅拌主机、螺旋输料机,以及主要的电气控制元件和气动元件等,性能已相当稳定,可靠性及使用寿命明显提高。

(2)自动化控制程度较高

控制系统目前大都比较先进和稳定,自动化程度普遍较高。尤其是近年来 ERP 系统的广泛应用,不仅可实时监控整个站的运行情况,还可大大提高客户生产、经营的管理水平。大多搅拌站采用工业计算机控制,既可自动控制也可手动操作,操作简单方便,在"互联网+"的推动下,混凝土搅拌站需建立完善的 ERP 管理系统、GPS 调度系统、搅拌站控制系统一体化等。通过打通混凝土搅拌站产品上网功能,可将产品数据上传,实现对混凝土搅拌站的远程控制、故障诊断、程序升级、维护保养等。

(3)生产能力较高

当前双联站和多联站的出现大大提高了各大混凝土公司的生产能力,从根本上解决了单站生产能力不足问题。

(4)计量精度较高

混凝土搅拌站的计量精度分 4 个方面,即骨料、水泥(或掺合料)、水和外加剂,其中骨料的精度一般可控制在 2% 以内,水泥(或掺合料)、水、外加剂的精度一般可控制在 1% 以内。

（5）搅拌质量好、效率高

采用的双卧轴搅拌主机在工作时，传动机构带动两搅拌轴同步反向转动，混合料在罐体中间做径向和轴向运动，形成对流，从而提高了搅拌质量。

（6）环保技术进步

环保技术一直是混凝土搅拌站的核心技术之一，也是影响产品性能的重要因素。未来，更多的环保技术将被广泛地应用于混凝土搅拌站上，如组合除尘技术、残余混凝土与废水回收利用技术、防水与防油除尘布技术、智能型脉冲式除尘技术和智能控制喷雾降尘技术等。

（7）节能指标突出

节能是混凝土搅拌站环保的一个重要指标，未来变频节能技术将从螺旋机逐步扩展到胶带输送机，甚至是搅拌主机电动机。同时更节能的新材料、新技术、新工艺、新能源等也将逐步应用于混凝土搅拌站。

2. 节水型冲洗设备

负责工地车辆清洗的全自动洗车机采用机械感应，自动控制，无需人工，清洗用水循环利用，大量节约了水资源。该设备可拆装，方便转场，采用专用不锈钢喷嘴，利用360°高压水嘴对车辆的轮胎与底盘进行冲洗，达到各部门规定的上路要求，可满足各种工地和施工场所使用。

图 4.21　自动洗车机

3. 太阳能照明设备

太阳能灯是由太阳能电池板将太阳能转换为电能的设备，作为一种安全、环保的新技术，其目前越来越受到重视。太阳能照明设备的优势如下。

（1）节能环保，不会对环境造成污染。设备工作原理就是通过吸收太阳光转化成为电能，储存在蓄电池里面，晚上再转化为光能，达到照明的目的。在这个过程当中不会产生有害物资，还不会产生辐射等问题。

（2）无须布线，安全性能高。太阳能路灯无需额外布置与市电交流的导线，供电来源于太阳能，没有市电连接线引起的电线老化或是电流失常等意外事故，也更加安全。

（3）应用范围广，使用寿命长。有光就有电，太阳能是取之不竭、用之不尽的，凡是有太阳光的地方，都可以使用太阳能灯；太阳能路灯的主要部件——太阳能电池板的使用寿命也是非常长的，一般在 25 年左右。

（4）维护成本低。太阳能路灯无需缴纳电费，整个系统都是全自动的，无须人为干预，几乎不产生任何后续费用。

4. 泥浆分离与回收设备

打桩泥浆处理系统是针对水工建筑工程打桩过程中产生的泥浆进行回收利用，以达到环保效果的一种机械设备，主要用于各类水利工程打桩过程中产生的泥浆处理。该系统采用了全自动化控制，智能化程度高，对环境没有污染，同时实现了节能环保的效果。

打桩泥浆处理系统通过自动控制系统实现自动化处理，为施工现场的环保治理提供了一种新型技术方案。打桩泥浆处理系统通过对泥浆进行循环利用，可使现场的泥浆得到二次利用，减少了资源的浪费和环境污染。

（1）打桩泥浆处理设备的原理

该设备通过泥浆处理系统的循环使用，对施工现场的泥浆进行回收利用。设备采用了先进的自动控制技术，将泥浆处理工艺分为三个环节，分别是洗涤、脱水和固液分离。通过三个环节的操作，对不同粒径大小的泥浆进行分离，分离出来的泥水再经过固液分离，实现泥浆的固化处理。

（2）泥浆环保处理系统组成

打桩泥浆处理系统主要由泥浆池、泥浆泵、泥浆分离器、压滤机等组成。其中，泥浆泵采用的是变频技术，具有流量大、压力高、性能稳定等特点。泥浆循环系统主要由分离设备和污水处理设备两部分组成，分离设备主要是将泥浆中的砂石分离出去，只留下泥浆。污水处理设备则是采用压滤机，对经过分离的泥浆进行压榨，压榨后的水可继续供打桩机使用。压榨成型的泥饼含水率低，便于处理。

图 4.22　太阳能节能灯

（3）泥浆环保处理系统特点

安装简单：装置体积小，易安装，占地面积小。

人工成本低：装置自动化程度高，操作简单，可节约人工成本。

性能稳定：装置自动化程度高，工作稳定可靠，使用寿命长。

节能环保：装置可实现循环使用，具有良好的环保效益。

适应性强：装置可在各种土质、各种环境下工作。

节能环保：装置操作简单，节能环保，无二次污染。

经济实惠：设备成本低、安装方便、操作简单，维修方便。

使用寿命长：装置在现场运行时可循环使用，且工作稳定可靠。

安全可靠：装置安装了自动保护和自动报警装置，确保设备的安全运行。

（4）适用范围

打桩泥浆处理系统适用于各种不同的地基基础施工，尤其适用于泵站、水闸、涵洞、隧道等水利工程基础施工中产生的泥浆的处理。该系统结构简单，操作方便，成本低，性能稳定可靠，适用于各种施工场地。

5. 节能型电焊机、切割机

采用逆变技术、高频引弧等先进技术的电焊机、切割机，能显著降低工作过程中的电力消耗。

逆变式弧焊电源，又称弧焊逆变器，是一种新型的焊接电源。

这种电源一般是将三相工频（50 Hz）交流网络电压，先经输入整流器整流和滤波，变成直流，再通过大功率开关电子元件（晶闸管 SCR、电力晶体管 GTR、金属氧化物半导体场效应晶体管 MOSFET、绝缘栅双极型晶体管 IGBT）的交替开关作用，逆变成几千赫兹至几十千赫兹的中频交流电压，同时经变压器降至适合于焊接的几十伏电压，后再次整流并经电抗滤波输出相当平稳的直流焊接电流。

优点包括：①体积小、重量轻，节约制造材料，携带、移动方便；②节能、高效；③动特性好、控制灵活；④输出电压、电流的稳定性好。

图 4.23　逆变型电焊机

4.4.1.3　智能施工设备

伴随工程机械智能化、自动化技术的成熟,越来越多的基建项目都引入了无人驾驶设备参与实际施工作业。其中,无人驾驶工程机械在高速公路施工现场集群作业的项目占比极高,且正从示范演练进入常态应用阶段。

图 4.24　无人驾驶挖掘机

图 4.25　无人装载机

图 4.26 智能摊铺机

无人智能化施工设备的优点主要如下。

1. 提高工作效率：无人驾驶设备可以 24 小时连续作业，无需休息，显著提高了作业效率和施工速度，尤其在需要长时间持续作业的项目中更为明显。

2. 降低人力成本：减少对操作人员的依赖，可以在劳动力短缺的情况下继续进行作业，同时也降低了因人为疲劳、错误操作导致的安全风险和成本。

3. 精准作业与质量控制：通过 GPS 导航、传感器技术和先进的算法，无人驾驶工程机械能够实现毫米级的精准作业，提高施工精度和作业管理质量，比如在农田间精准施肥、播种和收割。

4. 环境适应性与恶劣条件作业能力：能够在人类难以承受或者危险的环境中工作，如辐射区域、有毒环境或极端气候条件下施工，保障人员安全。

5. 优化资源配置：一个人可以同时管理多台无人驾驶设备，极大提升了资源利用效率，使得大规模农田管理或施工项目变得更加可行。

6. 节能减排：通过精确控制作业过程，减少不必要的能耗和材料浪费，有利于实现绿色、低碳的建设目标。

7. 降低维护成本：使预测性维护成为可能，通过实时监测设备状态，提前制订维修计划，避免突发故障，延长设备使用寿命。

8. 提升作业安全性：减少人为因素造成的事故，尤其是在复杂或高风险作业环境中，无人驾驶技术能有效降低安全风险。

4.4.1.4　节能型运输设备

随着国家新能源汽车战略不断推进,新能源卡车市场高速增长,其中电动卡车发展相对较快。

纯电动重卡在排放、驾驶体验、使用成本及车辆管理等方面具有一定优势。排放方面,电动重卡依托电力驱动可实现零排放,且具有电动机驱动带来的噪声降低、换挡便利、振动减小等特点,极大改善了司机的驾乘环境;成本方面,电动重卡在部分应用场景中带来的经济效益明显,电力消耗成本远远低于柴油;管理方面,重卡电动化使得车辆数据更加容易采集及上传分析处理,可进一步提升技术服务,优化交通领域的能源供给。

目前纯电动重卡的驱动一般都匹配多挡位的机械式自动变速器(AMT),这和传统的 AMT 系统不同。纯电驱动机械式自动变速器(EV-AMT)去掉了离合器及机械式同步器,由电动机主动同步代替机械式换挡时的摩擦被动同步,实现自动换挡。带 EV-AMT 的纯电动驱动系统和流行的直驱系统相比,除了能够大幅提高动力性能外,还能有效减小电动机扭矩需求,从而降低系统成本。由于变速器的调速功能使电动机保持在高效工作区域,大幅降低了动力系统耗电量,这也是纯电动重卡的一个显著优点。

图 4.27　电动卡车

4.4.1.5 绿色施工辅助设备

1. 粉尘抑制设备

雾炮机:用于施工现场喷洒水雾,能有效抑制扬尘,减少空气污染。

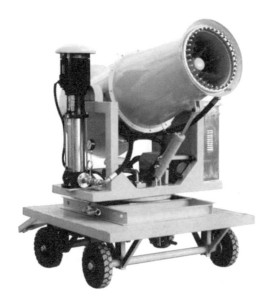

图 4.28 雾炮机

移动式空气净化器:用于封闭或半封闭施工空间,净化空气中的粉尘颗粒,改善作业环境。

图 4.29 移动式空气净化器

防尘网:覆盖于裸露土方、砂石堆等易产生扬尘的区域,防止风蚀扬尘。

图 4.30 防尘网

2. 噪声控制设备

低噪声施工机械:如低噪发电动机、低噪振捣棒、静音型混凝土泵车等,减小设备运行时产生的噪声污染。

隔音屏障:在施工现场周围设置临时性声屏障,减少噪声对外界环境的影响。

噪声监测仪:实时监测施工现场噪声水平,确保不超过法定限值。

3. 节水器具与系统

节水型冲洗设备:如高压节水洗车机、自动感应水龙头、节水型便携式马桶等,减少水资源浪费。

雨水收集利用系统:收集屋顶、地面雨水,经过简单处理后用于现场洒水降尘、绿化浇灌等。

图 4.31 节水型高压冲洗装置

4. 节能设备

LED 照明系统：提供高效、长寿命的施工现场照明，降低电力消耗。

太阳能发电设备：如太阳能光伏板，为施工现场提供部分或全部电力供应。

节能型电动工具：如锂电钻、电锤等，相比传统燃油或高能耗电动工具，能耗更低，排放更少。

5. 废弃物管理设备

建筑垃圾分类收集容器：对施工现场产生的各类废弃物进行分类投放，便于后续回收利用或妥善处置。

建筑垃圾破碎机：将废弃混凝土、砖块等破碎成骨料，用作再生混凝土或回填材料。

建筑垃圾打包机：将松散废弃物压缩打包，减少体积，便于运输和处理。

6. 环保型模板与支撑系统

铝合金模板：替代木模板，可重复使用次数多，降低木材消耗，减少建筑垃圾。

塑料模板：轻质耐用，可多次循环使用，且废料易于回收。

图 4.32　雨水收集系统

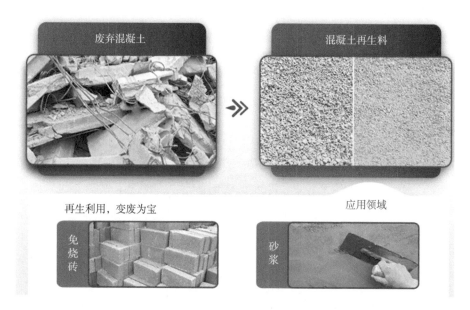

图 4.33　废弃混凝土再利用

图 4.34　移动颚式破碎机

图 4.35　移动反击式破碎机

图 4.36　新型铝合金模板

4.4.1.6　能源管理系统

工地能源管理系统是一种专为工程施工场地设计的信息化管理平台,旨在对工地的能源消耗进行精细化监控、分析和优化,以实现节能减排、降低成本、提高能源利用效率的目标和施工环境的可持续性。以下列举了工地能源管理系统通常包含的主要功能和特点。

1. 能源数据实时监测

智能仪表与传感器:系统通过安装在工地各个能源使用点(如临时用电、用水、燃气、燃油等)的智能仪表和传感器,实时采集能源消耗数据。

远程监控:利用物联网技术将采集的数据无线传输至中央管理系统,实现对能源使用情况的远程、实时、可视化监控。

2. 能源消耗分析与统计

数据整合与处理:系统将来自不同设备、不同类型的能源数据进行统一整合、清洗和标准化处理。

能效指标计算:计算各类能源的单位面积、单位产值、单位时间消耗量等能效指标,以及总能耗、峰值能耗、平均能耗等统计数据。

趋势分析与预测：利用数据分析算法，对历史能耗数据进行趋势分析，预测未来能源需求，为能源采购和调度提供依据。

3. 能耗异常预警与故障诊断

阈值设定与报警：根据项目能耗标准或历史数据设定警戒阈值，当能耗超出正常范围时，系统自动发出预警通知。

故障识别与定位：通过数据分析快速识别设备故障、泄漏、不合理用能等情况，支持故障位置定位，便于及时维修。

4. 能效优化建议与策略制定

节能潜力分析：系统分析各能源使用环节的能效，识别节能潜力点，如设备待机能耗、不合理用能时段、过度照明等。

节能措施推荐：根据分析结果，提出针对性的节能措施建议，如更换高能效设备、优化施工工序、调整用能时间等。

能源管理计划：协助制定能源管理计划，包括能源采购策略、用能预算分配、节能目标设定等。

5. 能源绩效管理与考核

能源绩效指标：建立工地能源绩效评价体系，包括能源强度、节能率、碳排放强度等关键绩效指标（KPIs）。

绩效追踪与评估：定期生成能源绩效报告，追踪节能目标达成情况，评估各施工班组、分包商的能源管理表现。

激励机制：支持与施工合同挂钩的能源绩效奖励与惩罚机制，激发各方节能积极性。

6. 集成与联动控制

与其他系统集成：与工地的环境监测系统、安防系统、BIM（建筑信息模型）系统等无缝集成，实现数据共享与协同管理。

智能控制：支持与智能照明、空调、供水等设备联动，根据环境条件、工况需求自动调节能源供应，实现按需用能。

选用节能设备能够有效降低水利工程施工过程中的能源消耗和碳排放，同时有助于提升施工效率、减少环境污染，符合绿色施工和可持续发展的要求。

4.4.1.7 其他节能措施

（1）施工区、生活区分区域供电，优先选用节能用电设备，现场的电气线路由专业的技术及安全人员进行排设，优化线路布局，减少多余线路。严格控制非节能型大功率用电器具使用率。办公、宿舍区域电表计量装置装配率达100%，项目部在现场办公室及宿舍中安装了节能灯等照明工具,节能灯配置率>80%。严禁私用电炉及非节能型的大功率用电器具,公共区域采用节能灯,有效节约用电。

(2)合理选用节能降耗装置,通过计算和分析,确定机械使用最大满载率,作为提高机械效率的依据。

(3)在进行夜间施工照明用的太阳能灯布置时,将其有效照明范围和布置方案比较,找出最优化布置,在保证工人能正常施工的条件下,减少太阳能灯的数量。

4.4.2 施工节水措施应用

水利施工节水措施旨在减少施工过程中对水资源的消耗,防止水资源浪费,并减轻对周边水环境的影响。以下列举了一些具体的节水措施。

1. 提高用水效率

(1)施工中使用先进的节水施工工艺。

(2)施工现场喷洒路面、浇灌绿化不使用市政自来水。现场搅拌用水、养护用水采取有效的节水措施,严禁无措施浇水养护混凝土。

(3)施工现场供水管网应根据用水量设计布置,管径合理、管路简明,采取有效措施减少管网和用水器具的漏损。

(4)现场机具、设备、车辆冲洗设立循环用水装置。施工现场办公区、生活区的生活用水采用节水系统和节水器具,提高节水器具配置比率。项目临时用水应使用节水型产品,安装计量装置,采取针对性的节水措施。

(5)施工现场建立可再利用水的收集处理系统,使水资源得到梯级循环利用。

2. 非传统水源利用

(1)现场机具、设备、车辆冲洗,喷洒路面,绿化浇灌等用水,优先采用非传统水源,尽量不使用当地市政自来水。

(2)力争施工中非传统水源和循环水的再利用率大于30%。

3. 施工用水规划与管理

编制节水施工方案:明确节水目标、措施、责任人及考核办法,确保节水措施的有效实施。

用水计量:安装水表或流量计,对施工用水进行精确计量,便于统计分析和节水管理。

4. 高效节水设备与器具

采用节水型混凝土搅拌设备:配备节水型搅拌机、循环冷却水系统和废水回收利用设施,减少清水消耗。

使用节水喷淋系统:采用雾化喷头、智能控制系统进行施工现场抑尘,降低喷淋用水量。

安装节水型卫生洁具:在生活区使用节水马桶、节水龙头等,减少生活用水。

5. 节水工艺与方法优化

干法或半干法施工:采用干硬性混凝土、预拌砂浆等,减少拌和水的使用。

预制构件与装配化施工:减少现场浇筑作业,降低拌和水和养护水需求。

采用节水型模板和养护技术:采用塑料模板、保湿养护膜等,减少养护用水。

6. 水资源循环利用与废水处理

设立临时污水处理设施:对施工废水进行沉淀、过滤等处理后回用,如用于洒水降尘、混凝土养护等。

雨水收集利用系统:建设雨水收集池,收集施工现场及生活区的雨水,用于非饮用水用途。

废水再利用技术:采用如混凝土拌和废水回收利用技术等,将废水经处理后用于混凝土生产。

7. 地下水保护与管理

合理布置施工降水井:避免过度抽取地下水,影响地下水位及周边生态环境。

地下水回灌:在条件允许的情况下,将施工抽出的地下水回灌至合适含水层,维持地下水动态平衡。

8. 施工营地节水措施

节水宣传教育:对施工人员进行节水教育,提高节水意识,养成良好用水习惯。

生活区节水设施:采用如节水型洗浴设施、定时定量供水系统等,减少生活用水浪费。

上述水利施工节水措施的实施,能够有效减少施工过程中的水资源消耗,保护水资源,符合绿色施工和可持续发展的要求。在实际应用中,应结合工程特点、气候条件、水源条件等因素,灵活选择和组合使用适用的节水措施。

4.4.3 施工工艺与方法优化

1. 推广透水模板布的使用

多功能模板布具有复合功能,表层(称过滤层)光洁、致密具有微细小孔,平均孔径为 30～35 微米,与混凝土接触能透过水和空气而阻止水泥颗粒通过;毛面层(称垫料层)与模板接触,厚度约1~1.5毫米,具有保水透气的性能,保水能力大于0.45升/平方米,排水能力大于3升/平方米,能渗出多余的水分,透出气体,只保留适当的水分,使混凝土处于潮湿的环境当中。

浇铸混凝土构件前,将渗水透气的多功能模板布的毛面层粘贴或拉伸固定在模板上,浇铸时多余的水分、气泡穿过多功能模板布的过滤层进入垫料层,气泡在垫料层中逸出,水分中的一部分涵养在垫料层中,多余的水分沿模板布外沿渗出。多余的水分排出后,混凝土表层水与水泥的比值(W/C值)就降低,使混凝土表层致密、坚实,提高了混凝土的强度和耐磨性;另外还应确保混凝土在养护期间保持高湿度,将裂缝风险减到最小,气泡逸出后出现砂眼的概率也明显减少。

使用后,可以达到以下效果。

(1) 极大地减少混凝土表面砂眼和裂纹。

(2) 提高了表层密度,使混凝土表层致密、坚实、均匀,使混凝土结构耐磨性、耐冲蚀性能得到明显改善;因抑制了无机盐、氧气、水汽和二氧化碳的渗透而延长了混凝土结构的使用寿命。

(3) 可以抵抗外来的侵蚀,防腐蚀性能提高,特别是抑制了氯离子的扩散。

(4) 由于没有了砂眼和裂缝,混凝土表面相当致密,减少了油类等残余物,就减少了微生物滋生的机会;从而减少细菌与藻类生长,即减少了污染。

(5) 使用多功能模板布能增加表面张力,确保表面涂料更能黏附在混凝土表面。在涂料施工前,不必做打砂工序,是表面处理时最理想的载体。

(6) 施工快捷简单,产品可重复使用,可以节省成本。

(7) 不需要脱膜剂,方便脱膜。

(8) 使用普通的价廉模板,模板不需直接接触混凝土,因此周转的使用次数也会相对增加。

(9) 节省修补砂眼和裂纹的费用。

(10) 整体的成本降低,后续维修保养的费用大幅减少。

2. 推广自动化降水回灌井在工程中的使用

在地下水丰富地区进行基坑开挖或地下工程施工时,需要采用降水井抽排地下水。降水井内设水泵,通常由专人负责观测降水井中水位,并控制水泵开关,占用人力资源;同时受人为因素影响,容易出现基坑降水深度不足、降水不及时的情况,影响基坑开挖施工安全。

自动化降水回灌井包括滤水管、水泵、水泵排水管及水泵开关,滤水管竖向设置,滤水管的底口焊接有底板,滤水管的管壁上设有多个滤水孔,水泵位于滤

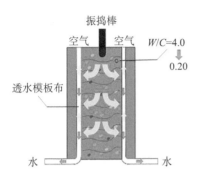

使用模板布

使用钢模板

图 4.37 工作原理图

图 4.38 效果对比图

水管内,水泵排水管一端连接水泵,另一端从滤水管顶口通往滤水管外,其特征为:在滤水管的顶口上焊接一横梁,水泵开关采用悬杆式行程开关,固定设置在横梁上。滤水管内竖向设置一限位管,限位管下端与滤水管的底板焊接,限位管的管壁上设有多个进水孔,且限位管内设一浮子,浮子随降水井内水位升降而上下浮动,从而实现对水泵开关的自动控制,自动控制降水井水位,保证降水井降水效果。

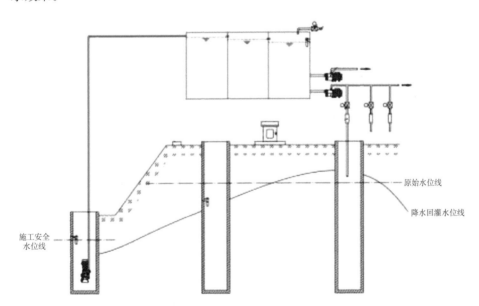

图 4.39 基坑自动化降水回灌井原理

自动化降水回灌井在工程应用中的优势主要体现在以下几个方面。

（1）高效节能

自动化系统能够精确控制回灌过程，确保水资源在最适宜的时间和条件下进行回灌，避免了人工操作可能带来的不必要浪费，从而提高了水资源的利用效率。

智能监测与调控可以减少无效抽排水，降低能源消耗，尤其是在长时间或大规模降水回灌作业中，节能效果尤为明显。

（2）精准控制与管理

自动化系统实时监测地下水位、水质参数等关键指标，可以根据预设规则或动态优化算法自动调整回灌速率、泵送压力等参数，保证回灌过程的稳定性和准确性。

集成数据分析与预警功能，能够及时发现并处理异常情况，如回灌效率下降、水质恶化、设备故障等，确保回灌系统的正常运行。

（3）环境保护与生态平衡

自动化回灌井有助于维持地下水位稳定，防止因过度抽取导致的地表沉降、地下水枯竭、生态系统破坏等问题，符合可持续发展理念。

实时监测和控制水质，可以有效防止污染物回灌至地下，保护地下水资源不受污染，保障地下水的长期可利用性。

（4）降低人力成本与劳动强度

自动化系统减少了对现场人工操作的依赖，工作人员无需频繁进行人工监测、调整和记录工作，大大节省了人力资源，降低了劳动强度。

自动化监测和远程控制功能使得管理人员能够随时随地掌握回灌井运行状态，进行远程决策和调度，提高了管理效率。

（5）数据完整与决策支持

自动化系统能够连续、准确地记录回灌过程中的各项数据，形成完整的回灌历史档案，为后续工程设计、环保评估、法规遵从提供翔实的数据支持。

通过数据分析功能，决策者可提炼出有价值的意见和建议，如回灌效率随季节、天气变化的规律，为优化回灌策略、预测资源需求、制订长期水资源管理计划提供科学依据。

（6）提高安全性与可靠性

自动化系统具备故障检测与自我保护功能，能在设备故障、电力中断或其他异常情况下自动停机或切换备用设备，减少潜在的安全风险。

自动化系统还具有定期自动维护提醒和远程故障诊断功能，有助于及时预防和修复问题，保证回灌系统的连续、稳定运行，避免因设备故障导致水资源损失或环境污染。

3. 疏浚土综合利用技术

疏浚土综合利用是指在疏浚土方的开挖、回填、弃土处理过程中,对土方数量和质量的时空分布进行详细分析,统筹规划,结合有效利用途径和组织方式,达到土方资源利用的最优化。

图 4.40　疏浚底泥烧制砖应用

在疏浚土的各种资源化利用途径中,应根据底泥的性质、组成及其特征,因地制宜地选择无害、稳定、可靠、合理可行的资源化方法。借地堆土是水利工程改造中土方的主要处置方式,对于一时无法外运的水下土方、含水量较高的湿土方,在干化后可暂时采用此种方式。疏浚土也可作为围垦及填方材料,通过疏浚淤泥的固化处理及轻量化处理,也可成为良好的工程填土材料。除此之外,疏浚土还可用于园林绿化、湿地及栖息地建设。

以疏浚土为主要原料，通过半干法压制，将其制成疏浚土块，并对其进行水泥、石灰等无机结合料的影响研究。制备的疏浚土块体抗压、劈裂抗拉强度高，水稳定性好，可替代普通混凝土制备路面砖、压载块等就近应用于河道整治等工程。与普通 C20 混凝土相比，疏浚土块体单价降低了 51.6%，有良好的社会和经济效益，具有推广应用价值。

疏浚土的合理处置，不仅可减轻对环境的影响，还能增加大量的土地资源，提供工农业和生活用地，为国民经济的可持续发展作出贡献，实现人与自然的和谐发展。

4. 水上混凝土运泵一体化工法

"混凝土运泵一体船"由一艘混凝土施工船和两艘辅助船混编而成，实现了混凝土岸上生产、水上运输、水上浇筑。其特点如下。

（1）采用水上运输方式，低碳。

（2）不需要修筑沿河施工便道，可节省大量建筑资源，节省施工成本，也不需要侵占施工用地，减少土地占用。

（3）运输和施工均在水上进行，受天气的影响较小。

（4）与陆上运输施工相比，不会对沿线产生噪声、粉尘污染和交通干扰。

5. 集中供电技术

集中供电技术通过布设集中电网解决用电问题，替代柴油发电动机的使用。即综合考虑施工期的电力负荷，确定合理的供电负荷，在施工期由施工单位出资与当地电力部门联合架设高压变电器和配套的电力线，以满足项目施工要求。

施工结束后，对施工单位已架设的电力线进行资源整合，转为运营期机电永久使用或者拆除后由项目公司按市场价回收电力线及设备。这样既避免施工单位大量使用柴油发电动机而造成的高能耗、重污染和大投入，同时也为项目公司节约工程资金，确保工程的顺利实施，具有显著的节能减排效益和经济效益。

6. 绿色养护技术

绿色混凝土养护技术是指在混凝土浇筑成型后，采用环保、节能、高效的养护方法，确保混凝土达到预期的强度和耐久性，同时最大限度地减少对环境的影响和资源消耗。

该技术通过技术创新和管理优化，实现了混凝土养护过程中的节水、节能、环保，有助于推动混凝土施工领域的可持续发展。在实际应用中，应结合工程特点、气候条件、资源状况等因素，选择适用的养护技术组合，确保混凝土质量和环境效益的双重提升。

图 4.41　混凝土水上运输搅拌船

以下是几种典型的绿色混凝土养护技术。

（1）节水养护技术

喷雾养护：使用高压喷雾设备，将细小水滴均匀喷洒在混凝土表面，形成薄水膜，减少水分蒸发，达到保湿效果。相比传统洒水养护，喷雾养护能显著减少用水量。

薄膜覆盖养护：使用可降解的塑料薄膜、土工布或专用养护膜覆盖混凝土表面，形成密闭湿润环境，减少水分蒸发，尤其适用于大面积、平面混凝土结构。

养护剂养护：在混凝土表面涂抹或喷洒养护剂，形成保水膜，既能防止水分蒸发，又能提供一定的早期防护，如防止风干、龟裂等。养护剂应选择无毒、环保型产品。

（2）蒸汽养护

蒸汽养护室：在封闭环境中使用蒸汽发生器产生蒸汽，对混凝土进行保湿、升温养护，尤其适用于预制构件工厂。蒸汽养护能快速提高混凝土早期强度，缩短养护周期，节省水资源。

红外线养护：利用红外线辐射加热混凝土，加速水化反应，缩短养护时间，同时比传统蒸汽养护更节能。

（3）智能养护系统

环境感应与自动化控制：利用温度、湿度传感器监测混凝土表面及内部条件，通过自动控制系统调整养护措施（如喷雾间隔、蒸汽量、加热功率等），确保混凝土始终处于最佳养护状态，避免过度养护或养护不足。

远程监控与数据分析：通过物联网技术实现远程监控混凝土养护状态，结合大数据分析优化养护策略，提高养护效率，减少资源浪费。

（4）生态友好型材料

再生水养护：使用经过适当处理的生活污水、雨水、施工废水等非传统水源进行混凝土养护，减少对新鲜水源的依赖。

生物基养护剂：研发和使用源自可再生资源的生物基养护剂，替代部分石油基产品，降低碳足迹。

（5）绿色养护管理

养护计划与调度：根据气象条件、混凝土浇筑进度等因素，合理安排养护时段和方式，避免在高温、大风等不利于保湿的条件下进行养护。

废弃物管理：对养护过程中产生的废弃物（如废养护膜、废养护剂容器等）进行分类收集、妥善处理，避免对环境造成二次污染。

4.4.4 清洁能源推广

1. 太阳能利用

太阳能光伏系统：在施工现场搭建太阳能光伏板阵列，为工地临时用电设施（如办公区、生活区、照明、监控等）提供电力，特别是在光照充足的地区，太阳能光伏系统可以显著降低对电网供电的依赖，减少碳排放。

太阳能热水系统：为工人生活区提供热水，减少使用电热水器或燃气热水器带来的能源消耗和碳排放。

2. 风能利用

小型风力发电动机组：在风力资源丰富的施工现场，安装小型风力发电动机，作为太阳能光伏系统供电的补充，提高施工现场可再生能源利用比例。

3. 生物质能利用

生物质燃料发电：利用施工过程中产生的生物质废弃物（如木材边角料、农作物残余物等），通过生物质气化炉、生物质锅炉等设备转化为电能或热能，供施工现场使用。

生物质热风干燥：在混凝土预制件生产过程中，使用生物质燃料热风干燥系统替代电热或燃气热风干燥，降低能耗和碳排放。

图 4.42　太阳能光伏板

图 4.43　小型风力发电动机

图 4.44　生物质气化炉

4. 地热能利用

地源热泵系统:在适宜的地质条件下,利用地源热泵为施工现场提供冬季供暖、夏季制冷服务,减少空调、取暖设备的能耗。

图 4.45 地源热泵供热系统

4.4.5 材料管理措施应用

可采取以下切实有效的办法降低材料损耗率,提高材料周转使用次数。

1. 加强现场管理

严格现场材料管理,健全节约资源的管理制度,对进场的原材料进行统筹管理,做到发放有度。

现场材料要整齐堆放。木模板堆放时,要在模板下面放置长木料,防止模板受到雨水浸泡或受潮,使模板的强度降低,造成材料浪费;在钢筋和钢管下面同样要设置木料,并且注意堆放高度,避免造成钢管弯曲。

建立材料使用台账,定期召开工地例会,对模板等原材料消耗发生的异常情况,要及时进行分析,找出问题的原因,制定相应的对策。

2. 推广混凝土节约措施

按照原设计的要求进行混凝土配合比设计和试配,在符合设计要求的前提下，合理调整粉煤灰和外加剂掺量，减少水泥用量。

对模板的加工、安装、使用进行严格控制，减少误差。在浇筑过程中，现场施工人员应指导混凝土泵操作人员，告知其浇筑顺序及停止浇筑时间，防止混凝土外溢造成浪费；对已经外溢的混凝土应派专人进行收集，用于其他非结构浇筑区域。项目部混凝土浇筑时，合理安排浇筑路线及排布泵管，防止混凝土因外界因素损耗。每次浇筑混凝土前，都应仔细核对图纸，精确计算，使混凝土保有量有 $10\ \mathrm{m}^3$ 的余地，确保最后一车数据的准确；严格控制浇筑标高，减少混凝土浇筑误差；合理利用泵管内的混凝土，用于路面修补、小型临时设施基础的浇筑及结构施工。

3. 钢材的节约措施

钢筋的加工及制作应依据专业的钢筋翻样，严格按照国家及本工程所在市相关规范执行，减少加工和绑扎时的钢筋损耗。

进场钢筋应及时加工使用，防止因放置时间过长而锈蚀，降低钢筋强度和刚度。

加工剩下的废钢筋部分可以加工做马凳、排水沟钢筋网盖，一些长料还可以用在管道洞口边的加固上。

4. 利用 BIM 技术减少浪费

精确计算钢筋下料，减少人为错误导致的浪费。

钢筋三维下料可用于提高钢筋下料的精度和效率，减少人工操作的难度和错误率。利用该软件，用户可以精确地计算出每根钢筋的长度、角度，方便了钢筋的加工和安装。

目前，该软件已被广泛应用于各种大型钢筋加工厂和钢结构工程中。该软件可以快速、精确地计算出每根钢筋的长度和角度，大大提高了钢筋的加工效率和精度，减少了误差和浪费。同时，也可以节省人力和时间成本，提高了工程效率和质量。

除了提高钢筋下料的精度和效率外，钢筋三维下料还有以下几个优势。

计算精度高：该软件采用的算法精度非常高，可以计算任何形状的钢筋，减少了误差。

操作简单：用户通过简单的操作，即可快速完成钢筋下料的计算和设计。

自动优化：用户可以设置钢筋的优化方案，让软件自动计算出最优解。

自定义规则：用户也可以根据自己的需要，自定义一些规则和计算方式，以满足不同的需求。

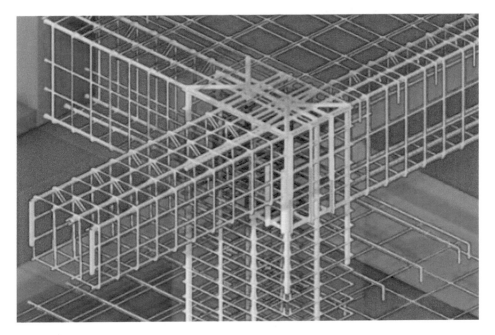

图 4.46　BIM 三维钢筋模型示意

5. 现场木材的节约措施

根据国家相关节能规定,对木料的使用制定节约指标,最大限度减少木料的损耗。

模板的加工及制作应依据专业的木工翻样,并严格按照相关的施工技术规范执行,减少加工及配置时的木材损耗。

墙、柱、梁采用木模板,周转使用模板,节省木料。

墙、柱、梁模板在使用前应涂抹脱模剂,拆除下来的模板应及时清理上面的混凝土,保证其循环使用。不得用铁锤、撬棒等工具强行拆除模板。

换下的木料、木板和加工剩下的废木料、木板可以加工做扶梯板,预留孔洞合上当保护层用等。

4.4.6　新技术应用

4.4.6.1　推广 5D 项目管理应用

5D项目管理应用的 BIM 概念是 3D＋项目时程＋工程进度预算的整合,作为仿真虚拟构造以达到施工监控与检视的目的。BIM5D 模型是在 BIM4D 概念(三维模型＋项目时程)的基础上,加入成本预算的条件,将三维模型、项目进度、项目预算联结并加以整合,在虚拟建造的三维模型管理上,加入了时程监控及费用的概念。

1. 模型以及数据的可视化,可以使成本根据设计、工地现状条件、工地施工阶段、施工时程而变化。

2. 项目团队可以更顺利地了解施工前的设计、时程规划、成本信息,可以依据前者信息,对于资金方面做出更好的决策。

3. 可以根据现场状况更改模型,项目团队可实时得到更改数据,自动更改施工的成本,可以减少变更设计估价的时间,以提高施工效率。

4. 以可视化的形式了解项目预算的内容。

5. BIM5D 模型能快速地反映时程与成本,可根据工地现场实务的多变性与不确定性,协助营造单位迅速提出不同的方案,供决策者分析、抉择。

6. 精准的模型可输出准确的数量与工序,BIM5D 模型助力于成本计算的精确性,能通过预测的方式提高投标前或工程进行中现金流量的准确度,对于实施多个项目的工作单位,应用模型能更准确地预估财务状况,使营运风险降到最低。

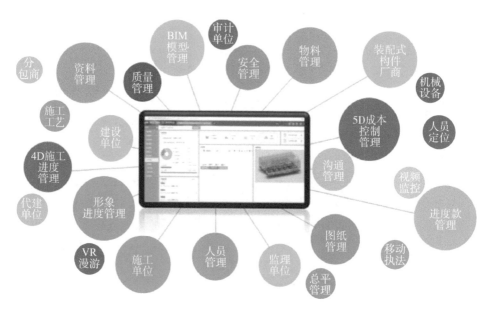

图 4.47　BIM5D 项目管理框架

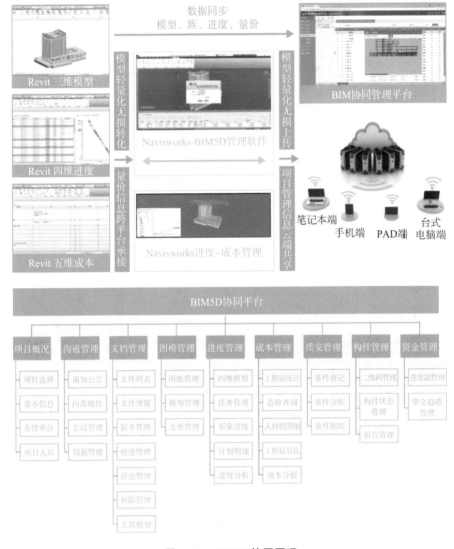

图 4.48   BIM5D 协同原理

4.4.6.2   推广智慧工地建设,方便优化施工管理工作

智慧工地是智慧地球理念在工程领域的行业具现,是一种崭新的工程全生命周期管理理念。

智慧工地是指运用信息化手段,通过三维设计平台对工程项目进行精确设计和施工模拟,围绕施工过程管理,建立互联协同、智能生产、科学管理的施工项目信息化生态圈,并将此数据在虚拟现实环境下与物联网采集到的工程信息进行数据挖掘分析,提供过程趋势预测及专家预案,实现工程施工可视化智能管理,以提高工程管理信息化水平,从而逐步实现绿色建造和生态建造。

智慧工地将更多人工智能、传感技术、虚拟现实等高科技技术植入到建筑、机械、人员穿戴设施、场地进出关口等各类物体中,这些物体普遍互联,形成"物联网",再与"互联网"整合在一起,实现工程管理干系人与工程施工现场的整合。智慧工地的核心是以一种"更智慧"的方法来改进工程各干系组织和岗位人员相互交互的方式,以便提高交互的明确性、效率、灵活性和响应速度。

智慧工地有以下优点。

1. 工地信息化

通过智慧工地项目的实施,可以将施工现场的施工过程、安全管理、人员管理、绿色施工等内容,从传统的定性表达变成定量表达,实现工地的信息化管理。通过物联网的实施,能对施工现场的塔吊安全、施工升降机安全、现场作业安全、人员安全、人员数量、工地扬尘污染情况等内容自动进行数据采集,主动反映并自动控制危险情况,同时对以上情况进行数据记录,为项目管理和工程信息化管理提供数据支撑。

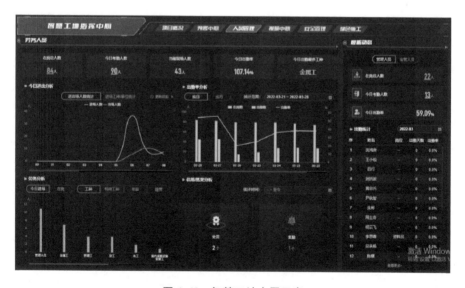

图 4.49　智慧工地大屏示意

2. 沟通高效化

通过实施移动办公,可以实现工程业主、设计、施工各参建者方之间的移动办公、数据记录、文件中转与留存,提高了信息交互的及时性,提高了工作效率,减轻了人员的工作强度,并进一步明确了职责,降低了管理风险。

图 4.50 智慧 OA 系统

3. 设备安全管理

智慧工地项目中的塔机监控系统、施工升降机监控系统通过自动化物联网系统,能够自动根据设备的工况对现场的超载、超限,特种作业人员合法性,设备定期维保等内容进行自动控制和数据上报,实现对物的不安全状态的全过程监控。

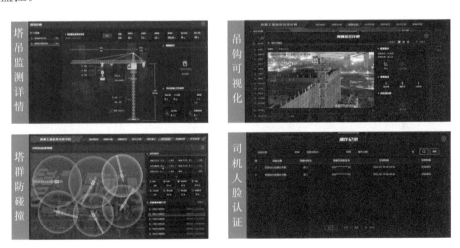

图 4.51 塔吊安全监测

深基坑、高支模等应用自动化监测系统,能随时监测各重大危险源的安全状况,更早发现安全隐患,指导项目部在发现安全隐患时提出有针对性的技术解决方案,从而规避安全风险,并能进一步节约成本,减少不必要的浪费。

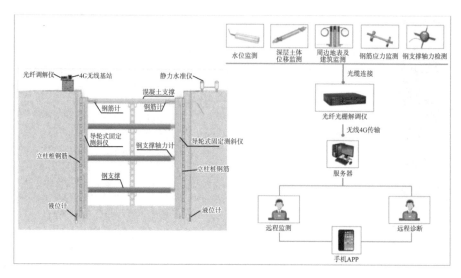

图 4.52　基坑安全监测

①合理配置人员、机械作业等，降低施工冗余，节能减排。

②精确采购材料，不超购、不剩余。

③做好仓储管理工作，保障施工材料安全，减少损耗。

采用数字化信息技术，优化施工环节和流程，减少建设环节的碳排放，尽可能降低对能源的消耗，尽可能加大对废弃物的回收利用，最大限度降低碳排放。

4.5　运维阶段减排路径

水利工程运维阶段的碳减排工作与规划设计阶段和施工阶段存在以下区别。

1. 侧重点不同

运维阶段侧重于运行管理和维护中的碳排放控制，包括优化设施运行调度、提升设备能效、实施节能改造、利用清洁能源、加强废弃物管理、强化生态修复与保护等，更直接地影响日常运营中的能源消耗和碳排放水平。

2. 实施主体与责任不同

运维阶段主要由业主方或委托的专业运维公司负责，涉及设备操作员、维护人员、管理人员等多个角色的日常工作行为，需要建立健全低碳运维管理制度，确保各项降碳措施得到持续、有效执行。

3. 影响因素与控制难度不同

运维阶段影响因素相对稳定,如设备性能、能源价格、运维人员素质等,但需要长期、精细的管理以维持低碳状态,控制难度在于保持降碳措施的持久性和精细化。

4. 效果显现与反馈周期不同

运维阶段降碳措施的效果更为直观和即时,可通过实时能耗监测、设备能效评估、废弃物处理记录等方式快速反馈,便于根据实际运行情况及时调整优化策略。

5. 技术和工具的应用差异

运维阶段依托智能运维平台、能源管理系统(EMS)、碳排放监测系统、远程监控与诊断技术等实现精细化、智能化的碳排放管理。

4.5.1 能效提升与能源结构调整

4.5.1.1 灌区工程智慧运行调度

通过精细化管理与智能调度系统,根据实时水情、气候条件和电力需求调整水库蓄泄、泵站启停等操作,避免无效或低效运行,减少电能消耗。

智慧灌区解决方案聚焦"智感、智脑和智用",按照数字化驱动智慧化、智慧化驱动现代化的总体思路,利用云计算、大数据、物联网、移动互联网、人工智能等新一代信息技术,为灌区态势感知、作物需求、水源调度、防汛抗旱等业务数字赋能,实现灌区决策以历史经验为主向"数据支撑+历史经验"相结合的模式转变,全面提升灌区水资源管理调度水平和供水保障能力。具体包括如下几方面。

(1)建成全灌区"智感"平台

针对灌区态势感知类别少、覆盖不全面、监测手段落后等问题,通过卫星遥感和无人机手段增加区域农情、水情要素的感知,采用自动化量测、视频监测等手段增加关键节点水情、工情、农情、水质、安全信息采集,集成国家、省、市级气象、水文等部门交互数据,建成量测视全方位、空天地全覆盖、工水农全协同、点线面全贯穿的立体感知体系。实现灌区骨干渠系水情、区域遥感农情,以及重要工程安全视频监控的立体实时感知体系,分干渠以上节制闸、分水闸和放水涵实现100%计量。

(2)建设智慧灌区"智脑"

目前,灌区来水分析、水量配置和调度主要依靠传统手段和经验判断,为了满足灌区管理精细化、高效化和应急处置及时化的需求,基于最新的大数据、云计算、物联网、人工智能等技术,搭建灌区供需水预测预报、水资源配置、水资源仿真调度、旱灾防御与监测、渠道洪水预报与调度等物理模型库,并构建基于 AI 技术的灌区多年运行经验数字化模型体系,形成物理模型与经验模型相协同的灌区模型库,建立集数据汇集、清洗、归集、整理为一体的标准化、规范化专题数据库,构建灌区智慧大脑体系。

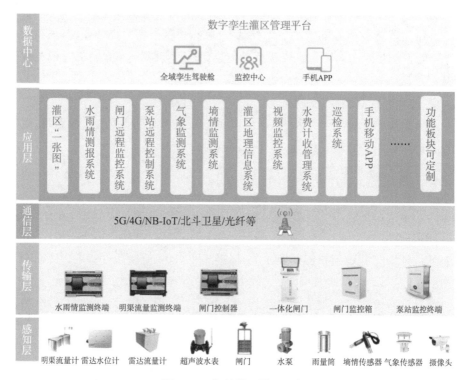

图 4.53　智慧灌区管理平台

（3）打造智慧灌区"智用"场景

按照灌区业务数字赋能的总体要求,建设智慧应用体系,逐步实现主要业务功能数字化、智能化和智慧化。以天气预测、作物需求、水资源调配、灾害防御等核心业务需求为索引,建设供需水感知与预报、水资源综合配置与调度、用水管理、水旱灾害防御、工程管理、水政监察、水公共服务七大业务应用,对灌区来水、需水、配水、调水、用水、排水整个水循环过程应用全覆盖、管理全贯穿,保障灌区总局与多个部门业务应用智慧协同。

通过智慧灌区平台建设,可以实现以下效果。

（1）提高灌区数字化管理能力,有效降低管理成本。通过智慧灌区建设,以及日常工作从传统的管理方式到信息化管理方式的转变,提高对事件的反应能力,优化工作流程,全面提高灌区日常业务管理数字化水平,提高灌区工作人员的工作效率，有效降低管理成本。

（2）信息资源高效共享、节省财政费用。通过"智脑"平台的建设，充分发挥灌区"一张图"、智慧大脑（数据平台、供需水预测预报、水资源配置、水资源仿真调度、旱灾防御与监测、渠道洪水预报与调度等物理模型库以及 AI 智能模型）的作用，整合灌区信息化建设资源，实现灌区内部上下级、灌区外部与区县之间、灌区与水利厅之间的互联互通和交互共享，避免重复性建设，最大限度利用各种资源，避免重复建设，节约运维费用，最大限度地减省政府财政资金。

图 4.54　智慧灌区驾驶舱

图 4.55　水闸远程控制系统

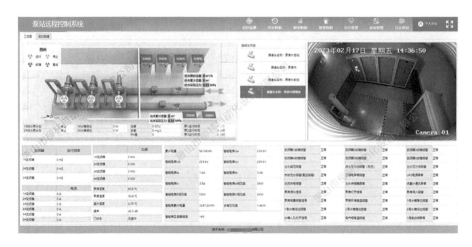

图 4.56　泵站远程控制系统

（3）增强灌区水旱灾害防御能力、保护灌区人民生命财产安全。通过建立智慧灌区,实现灌区来水和作物需水的精准预测预报,通过智慧大脑精准推演旱涝灾害的演变过程,及时制定有效的应对措施,增强灌区的水旱灾害防御能力,对有效保护灌区人民生命财产安全和维护社会稳定具有重要的意义。

（4）提升灌区业务管理水平,发挥水资源优化配置、灌区高效节水等社会效益。优化灌区水资源配置,最大限度发挥灌区的综合功能。通过建设数字灌区,利用智慧大脑精准模拟和智能决策,实现水资源的优化配置、合理调度、高效管理,有效缓解灌区供水矛盾,最大限度支撑农业、工业生产和生活用水安全,发挥灌区的综合功能。

（5）增强灌区高效用水管理水平,提高灌区节水能力建设。通过灌区建设,实现灌区的资源配置和用水调度由经验管理向智慧决策转变,实现灌区水感知实时化、水调控高效化、水供给精细化、水设备智能化,增强灌区高效用水管理水平,有效提高灌区节水能力建设,实现真正的高效用水和节约用水。

（6）提高灌区信息公开透明度,促进灌区公共服务意识和服务能力提升。通过智慧灌区建设,提升灌区公共服务能力和各类公共数据的处理能力,一方面可以促进灌区公共业务的信息公开,方便灌区内各区县有关部门以及广大人民群众及时了解各类供用水公共信息,满足公众知情权;另一方面也能切实提升灌区的供用水管理和水事监察等事务的公共服务水平。此外,通过智慧灌区综合业务平台,实现区县联动,上下级联动,有利于推进相关区县的灌溉服务水平。

4.5.1.2　清洁能源利用

在条件允许的情况下,引入太阳能、风能、水能等可再生能源,为水利工程设施供电,如安装光伏板为监控系统、泵站等提供电力,或利用小型水力发电设备回收余能。

1. 光伏灌溉系统

在灌区安装太阳能光伏阵列,将太阳能直接转换为电能,驱动潜水泵、离心泵等设备从水源抽水,供应农田灌溉。这种系统尤其适用于电网未覆盖或供电不稳定的中小型灌区,确保灌溉活动不受电力供应限制。其实现白天光照充足时的自发自用,多余电量可通过储能设备储存,供夜间或阴雨天使用。这种模式有助于减少电网购电需求,降低运行成本,且光伏系统通常具有较长的使用寿命和较低的维护需求。

图 4.57　光伏提灌站

2. 渔光互补工程

渔光互补工程,即在鱼塘、湖泊等水体上方架设光伏发电设施,下方继续进行水产养殖的新型复合利用模式,他的优点主要体现在以下几个方面。

(1) 土地资源高效利用

渔光互补巧妙地将水域空间用于光伏发电,避免了占用宝贵的陆地资源,尤其是耕地、林地或城市用地。这种模式充分利用了水面空间,实现了"一地两用"，显著提升了土地的综合经济效益。

（2）环保与节能减排

光伏发电属于清洁能源，有助于减少化石能源消耗，降低温室气体排放。据统计，每 20~30 亩①鱼塘水面建设 1 MWp 太阳能电站，每年可节约标煤 348 吨，减少二氧化碳排放约 1 000 吨。这对于应对全球气候变化、实现碳达峰与碳中和目标具有重要意义。

（3）经济效益显著

渔光互补项目能够带来双重收益：一方面，光伏发电产生的电能可以出售给电网或直接供给养殖场使用，产生稳定的电力销售收入；另一方面，水下养殖业继续产生鱼类、虾类等水产产品，产生销售收益。两者结合，增强了项目整体的经济稳定性与抗风险能力。

（4）政策支持与市场导向

目前，国家层面持续出台政策鼓励可再生能源发展，如《"十四五"可再生能源发展规划》中明确提出，积极推进"光伏＋"综合利用，包括农（牧）光互补、渔光互补等复合开发模式。政策引导与市场对绿色能源的需求增长为渔光互补项目创造了有利的外部环境。

（5）技术创新与应用拓展

随着光伏技术的进步，尤其是漂浮式光伏系统的成熟，渔光互补项目的适应性更强，能够在更多类型的水体上实施。此外，智能化运维、电气化养殖设备的应用等进一步提升了养殖效率和项目整体运行效能。

（6）产业融合发展

渔光互补项目推动了渔业、光伏产业以及相关配套服务业（如饲料、加工、设备制造等）的深度融合，形成产业链协同效应，有利于区域经济结构调整和乡村振兴战略的实施。

（7）生态和社会效益

光伏板为水下生物提供了遮阳降温环境，有利于某些鱼类品种的生长，改善养殖条件。同时，渔光互补项目通常会配合生态环境保护措施，有助于维护水体生态平衡，实现人与自然和谐共生。项目还能带动就业、提升农村基础设施，增进社会福祉。

综上所述，渔光互补工程凭借其土地资源高效利用、环保效益突出、经济效益显著、政策导向积极、技术创新驱动、产业深度融合以及生态与社会效益多元

---

① 1 亩≈666.67 m^2

的特点,展现出极强的应用前景。随着技术进步、市场需求升级以及政策环境优化,预计未来渔光互补模式将在全球范围内得到更广泛的应用与推广,成为推动能源转型、实现可持续发展的重要力量。

图 4.58　渔光互补工程示例

4.5.2　智能化与数字化技术应用

远程监控与数据分析:运用物联网、云计算、大数据等技术,实时监测设备运行状态、能耗数据、水质参数等,通过数据分析优化运行模式,预测维护需求,减少非必要的巡检和维修,降低交通、人力等间接碳排放。

故障预警与预防性维护:建立故障预警系统,提前识别设备故障风险,进行预防性维护,避免突发故障导致的紧急维修和高耗能应急运行。

4.5.3　推广绿色水工建筑物、低碳建筑物在管理设施中的应用

建筑技术上,采用具有高保温隔热性能且建筑气密性较好的维护结构,同时,运用高效新风热回收技术,大幅度降低了建筑供暖供冷需求。项目充分利用可再生能源,采用局部固定遮阳设计,夏季降低空调负荷;选用高效 LED 灯具及智能控制,节约电能;利用建筑立面、裙楼屋面和廊架空间铺设面积近 5 000 平方米光伏发电板,提升可再生能源利率。

4.6 拆除阶段减排路径

拆除阶段通常标志着一个水利工程已经完成了其预定的服务周期,进入了设施生命周期的最后阶段。这一阶段的任务不仅在于结束设施的使用,更在于以负责任的方式结束其生命周期,为后续的土地利用、环境修复或新的水利设施建设铺平道路。同时,通过科学管理和先进技术的应用,拆除阶段也应致力于实现碳排放的最小化,符合现代可持续发展的要求。该阶段可以采用以下几种手段来降低碳排放。

4.6.1 精心规划与优化拆解顺序

精细化拆除方案:根据水工建筑物结构特点和材料特性,制订详尽的拆除计划,明确优先拆解顺序和方法,避免无序拆除导致的额外能源消耗和废弃物产生。

这是一种注重细节、精准控制、减少废弃物和资源浪费的拆除策略,其主要包含以下几个方面。

1. 详尽的前期调查与规划

结构与材料分析:对水工建筑物进行全面的结构鉴定与材料识别,明确各类构件的材质、尺寸、连接方式、承载状况等信息,以便于制定针对性拆除方案。

拆除顺序设计:根据水工建筑物结构稳定性、相邻水工建筑物影响、环境敏感性等因素,制定从非承重到承重、从上至下或从外至内的精细化拆除顺序,确保拆除过程安全、有序、低干扰。

废弃物预测与管理计划:预估拆除过程中可能产生的各类废弃物量,制定详细的分类、收集、储存、运输、处置或再利用方案,强调源头减量和资源最大化利用。

2. 精准拆除技术应用

非破坏性拆除:在可能的情况下,优先采用非破坏性手段拆卸可再利用构件,如精细切割、专业拔钉、脱模剂辅助移除等,以保持构件完整性。

局部爆破或定向拆除:针对特定结构部位,如大体积混凝土、坚固的钢结构连接点等,精准设计爆破方案或采用定向切割技术,确保精确控制破坏范围,减少不必要的物料损失。

微损伤拆除:在拆除历史水工建筑或有保留价值的构件时,采用低冲击、低振动的工具和技术,如水刀切割、钻石绳锯、静态破碎等,尽量减少对原有材料和结构的损害。

非爆破拆除方式在减少碳排放方面具有以下显著优势。

（1）减少直接能源消耗

非爆破拆除主要依赖液压剪、破碎机、切割机、挖掘机等机械设备进行精细化作业，这些设备通常具有更高的能效比，即单位作业量所需的能源消耗较低。减少能源消耗直接意味着碳排放的降低，因为能源生产（尤其是化石能源）是碳排放的重要源头。

（2）避免爆破相关排放

爆破拆除过程中，除了直接消耗炸药（其生产过程中可能涉及碳排放）外，还会引发瞬间高温高压环境，导致大量气体（包括 CO_2、NO、SO_2 等）的瞬时排放。非爆破拆除则避免了这些与炸药使用相关的直接排放。

（3）降低运输与处置需求

非爆破拆除往往能产生更小的碎块和更少的粉尘，这有利于现场分类、收集和处理，减少了废弃物的二次运输和处理需求。较长距离的运输以及废弃物处理设施（如填埋场、焚烧厂）的运行都会产生额外的碳排放，非爆破方式通过减少这些环节的负担，间接降低了碳排放。

（4）提高材料回收利用率

非爆破拆除对结构的破坏较小，更有利于保留较大尺寸、较高价值的建筑构件，这些材料更易于回收再利用，减少了新材料生产过程中的碳排放。相比之下，爆破拆除往往造成材料严重破碎，降低了回收再利用率。

（5）减少对周边设施影响与修复成本

非爆破拆除产生的振动、噪声、粉尘等环境影响较小，无需像爆破那样进行大规模的周边设施保护和事后修复工作。这些保护和修复措施（如临时搬迁、加固、清理等）本身也会产生碳排放，非爆破方式通过减少这些额外作业，进一步降低了碳排放。

（6）更易符合严格的环保法规

许多地区对爆破拆除做出了严格的环保限制，包括爆破时间、炸药用量、扬尘控制等，违反规定可能导致罚款、停工等后果，间接增加了项目的碳成本。非爆破方式通常更容易满足环保要求，降低了因违规导致额外碳排放的风险。

3. 废弃物精细分类与现场管理

现场分拣：设立专门的废弃物临时存放区域，按照混凝土、金属、木材、玻璃、砖石、保温材料、电气设备等类别进行实时分拣，避免混合堆放导致资源价值降低。

高效回收:配备专用工具和设备,如磁选机、筛分机、压缩打包机等,提升废弃物的回收效率和纯度,便于后续再利用或深加工。

环境保护:采取湿法作业、覆盖防尘网、设置喷雾降尘装置等措施,减少扬尘;对含有有害物质的废弃物进行单独标识、隔离存放,并按照环保要求安全处置。

4. 信息化与智能化支持

三维扫描与建模:利用激光扫描、无人机航拍等技术获取水工建筑物的高精度三维数据,建立数字化模型,辅助拆除方案设计、模拟和进度监控。

智能监测:安装应力、振动、噪声等传感器,实时监测拆除过程中的结构响应和环境影响,确保拆除操作在安全阈值内进行,避免意外损伤。

数据分析与决策支持:通过物联网、大数据等技术,收集、分析拆除过程中的各项数据,动态调整拆除策略,优化资源配置,提高拆除效率和资源回收率。

5. 人员培训与安全管控

专业技能培训:对拆除作业人员进行精细化拆除技术、废弃物分类知识、环保法规等方面的培训,确保其具备执行精细化拆除方案的能力。

严格的安全管理:制定详细的安全操作规程,进行风险评估,设置明显的安全警示标志,配备必要的个人防护装备,定期进行安全检查和应急演练。

精细化拆除方案的核心在于通过对拆除过程的精细化管理和先进技术的应用,实现对水工建筑物构件的精准拆解、废弃物的高效分类与回收,最大限度地保留和再利用有价值的资源,减少环境污染,降低碳排放,实现绿色、可持续的拆除作业。

6. 能源效率提升

设备能效管理:选用能效高的拆除设备,定期维护保养,确保设备在最佳工况下运行,减少燃油消耗和排放。

临时供电优化:如果需要现场供电,优先考虑使用清洁能源(如太阳能、风能、生物质能等)或租赁高能效发电动机,减少化石燃料使用。

7. 监管与认证

碳排放核算:对拆除过程进行碳排放核算,明确碳排放源和排放量,为减排措施的制定提供依据。

绿色拆除认证:争取获得相关的绿色拆除或碳中和拆除认证,通过第三方审核确保拆除过程符合低碳标准,提升项目的社会认可度。

4.6.2 应用绿色拆除材料

绿色拆除材料是指在拆除过程中使用的一类旨在减少对环境影响、具备环保特性的材料。这类材料通常具备以下特点。

低毒性：不含或仅含极低量的有害物质，如重金属、持久性有机污染物（POPs）、挥发性有机化合物（VOC）等，使用过程中不会释放有毒有害气体或物质，对作业人员和周围环境较安全。

低排放：在制造、使用和处置过程中，产生较少的温室气体，如二氧化碳、甲烷等，并且能够减少粉尘、噪声、振动等环境扰动。

可降解：对于一些临时性或辅助性拆除材料，它们在完成使命后能够在自然环境中快速降解，不留下长期残留物，减轻对土壤和水体的污染。

可回收与再生：拆除后易于分离、分类和回收，能进入再生利用链条，转化为新的产品或作为原材料再次使用，减少对新资源的开采和消耗。

能源效率高：在生产过程中能耗较低，或者在使用过程中能够提高拆除作业的能源效率，如采用轻质、高性能的拆除工具或设备。

具体而言，绿色拆除材料包括但不限于以下类别。

1. 可降解混凝土

设计用于临时支撑、填充或隔离的混凝土制品，其中包含生物降解添加剂，拆除后能在一定时间内自然分解，减少固体废物产生。

2. 生物降解塑料

具有临时围挡、覆盖、包装等用途的塑料制品，由可生物降解的聚合物制成，能在特定环境下被微生物分解成无害物质。

3. 环保型石膏板

采用无害化原料和生产工艺制造，不含甲醛等有害物质，拆除后易于破碎回收，可作为生产新石膏板的原料。

4. 环保型涂料与密封剂

包含低 VOC 或无 VOC 配方，不含有害重金属，拆除前无需特殊处理，不会在拆除过程中产生有害气体。

5. 生物基材料

如生物基纤维增强复合材料，用于临时支撑结构或防护罩，拆除后可生物降解或易于回收。

6. 高效拆除工具

能耗低、噪声小、振动小的电动或液压拆除工具，如电动破碎锤、液压剪切机等，替代传统的高能耗、高排放的柴油动力设备。

7. 绿色防护材料

如环保型隔音屏障、吸尘设备、喷淋系统等，用于减少拆除过程中的噪声污染、粉尘扩散,改善作业环境,保障周边居民健康。

8. 环保型临时设施

采用可回收、可重复使用或可降解材料搭建临时工棚、脚手架,铺设道路等,降低拆除后的废弃物总量。

4.6.3 废弃物管理与资源化利用

水利工程拆除在废弃物管理与资源化利用方面,通常会遵循循环经济原则,力求将废弃物转化为有价值的资源,减少环境污染和填埋负担。以下是在这一领域的具体应用。

1. 废弃物分类与收集

在拆除过程中,对产生的废弃物进行细致分类,如混凝土块、钢筋、砖瓦、金属构件、木材、塑料、保温材料、电气设备等。

设置不同类型的废弃物临时存放区,确保废弃物不混杂,便于后续处理和资源化利用。

2. 混凝土与砖石再利用

混凝土废料经过破碎、筛分后,可作为骨料用于新混凝土的制备,或用于路基填充、堤坝加固等。

砖瓦等砌体材料经破碎后,可用于制作再生砖、透水砖等建材产品,也可作为道路垫层或填充材料。

3. 金属回收

钢筋、铁件等金属废弃物通过磁选、切割等方式分离出来,送至金属回收厂进行熔炼再生,重新制成钢铁产品。

小型金属部件可直接清洗、修复后用于其他工程项目,减少新金属材料的开采和冶炼。

4. 木材再利用

木质废弃物经过分拣、破碎、筛选后,可用于生物质能源发电,制作复合木板、生物质燃料、土壤改良剂等。

完整度较好的木材经过加工处理后,可用于家具制造、装饰装修或园林景观建设。

5. 其他材料回收

塑料、橡胶等废弃物可通过清洗、破碎、造粒等工序,制成再生塑料颗粒,用于生产塑料制品。

保温材料、防水材料等特殊废弃物,根据其成分特性,寻找适宜的回收渠道或处理工艺,如热解回收、化学回收等。

6. 废弃物资源化技术应用

应用高效破碎、分选、清洗等设备,提高废弃物处理效率和资源回收率。

采用先进的废弃物处理技术,如高压静电分离、超声波分离、热解气化等,提取废弃物中的有价值成分。

研究开发新型建材产品,如再生混凝土、再生砖、生态混凝土等,扩大废弃物在水工建筑材料领域的应用范围。

7. 环保监管与合规处置

对拆除过程中产生的危险废弃物(如含油混凝土、油漆涂层、废旧电池等),严格按照国家环保法规进行单独收集、标识、储存和委托有资质单位进行安全处置。

建立废弃物管理台账,记录废弃物产生、储存、转运、处置全过程,确保可追溯性。

定期进行环境监测,评估废弃物管理措施的效果,及时调整优化方案。

8. 政策引导与市场机制

制定鼓励废弃物资源化的政策,如税收优惠、补贴、绿色采购等,激发市场主体参与废弃物资源化利用的积极性。

建立废弃物交易市场或平台,促进废弃物供需双方的信息对接,形成废弃物资源化产业链。

通过上述措施,水利拆除工程不仅能够有效管理废弃物,降低环境污染,还能实现废弃物的高价值转化,节约资源,推动绿色低碳发展。

低碳水利工程评价

5.1 低碳评价指标体系的意义

在 21 世纪的全球发展要求中,低碳评价指标的重要性日益凸显,伴随着应对气候变化问题的紧迫性不断上升,国际社会普遍认识到,向低碳经济转型不仅是应对环境危机的必要之举,也是推动经济增长模式转变、实现社会公平与经济效益双重目标的有效途径。因此,构建科学合理的低碳评价指标体系,对于指导政策制定、促进技术创新、引导投资流向、提升公众意识等方面具有深远的意义。

1. 科学性基础与发展方向的指引

低碳评价指标体系的构建基于科学性原则,旨在通过客观、准确的数据分析,反映低碳经济的发展水平和环境改善状况。科学性体现在数据来源的可靠性、评估方法的严谨性以及指标设置的全面性上。通过这些指标,我们可以清晰地界定低碳经济的发展方向,即提高资源使用效率、减少温室气体排放、降低环境破坏程度,进而走上可持续发展的道路。例如,单位 GDP 能耗、碳排放强度等指标,直接反映了经济活动的环境效率,是衡量低碳转型进展的核心指标。

2. 政策制定与实施的依据

低碳评价指标为政府制定相关政策提供了科学依据。政策制定者可以通过分析这些指标,识别经济活动中高碳排放的领域,进而针对性地出台减排政策、激励措施或法律法规,比如碳税、绿色信贷政策、可再生能源补贴等。此外,指标体系还能帮助政府评估政策措施的实施效果,及时调整策略,确保低碳发展目标的实现。例如,通过追踪能源结构调整、能效提升项目的成效,可以评估政策的环境与经济效益。

3. 促进技术创新与产业升级

低碳评价指标体系激励企业研发和采用低碳技术,推动产业结构的优化升级。企业通过对照指标,可以明确自身的节能减排潜力,进而在能效提升、清洁能源利用等技术改造项目上进行投资。指标的设定,如清洁能源比例、废物回收利用率等,为产业转型指明了方向,促使企业从生产、供应链管理到产品设计全面考虑低碳因素,提升竞争力。同时,政府可通过设立技术进步贡献率等指标,表彰在低碳技术创新方面表现突出的企业,形成良好的示范效应。

4. 引导资本流向与投资决策

水利工程投资多为国有资金,建立合理的低碳评价指标,可为项目决策者们提供该项目长期价值的重要参考。随着 ESG（环境、社会、治理）投资理念的普及，低碳绩效良好的项目更容易获得国家资金青睐。例如，通过碳足迹、环境绩效指数等指标，项目决策者可以识别出低碳风险和机遇，做出更加负责任的投资决策。这不仅促进了资本向低碳领域流动，也加速了高碳资产的逐步淘汰，促进了经济结构的绿色化。

5. 增强公众意识与参与度

低碳评价指标的公开透明有助于提高公众对气候变化的认识，激发社会各界参与低碳行动的热情。通过媒体、网络平台公布城市的碳排放量、空气质量指数等，可以使公众直观感受到环境变化，增强环保意识。同时，指标的发布也为公民监督提供了依据，鼓励公众参与环保倡议，如节能减排生活方式的推广、低碳社区的建设等，形成全社会共同推动低碳转型的良好氛围。

6. 国际合作与竞争力的提升

在全球化背景下，低碳评价指标成为国家间合作与竞争的新维度。国际组织和多边协议，如巴黎协定，要求各国定期提交温室气体排放报告，通过一系列量化指标展示减排成果。良好的低碳绩效不仅是国家形象的体现，也是吸引外国投资、技术合作和增强国际影响力的重要因素。通过比较分析，各国可以相互学习先进经验，促进技术交流与转移，共同应对全球气候挑战。

7. 水利规划与低碳发展

在城市化进程加速的当下，低碳评价指标对于指导城市规划和建设尤为重要。城市是能源消耗和碳排放的主要源头，通过引入低碳指标体系，如绿色建筑认证比例、公共交通使用率、绿地覆盖率等，城市管理者可以科学规划，推动城市向低碳、韧性方向发展。这些指标不仅关注直接的碳排放，还涉及城市空间布局、交通系统优化、能源供应结构等多个方面，助力城市构建低碳生活模式，提高居民生活质量，同时增强城市对气候变化的适应能力。

8. 教育与研究领域的促进作用

低碳评价指标在教育和研究领域同样发挥着不可忽视的作用。在高等教育中，低碳相关课程和研究项目的设立，是以低碳指标为教学和科研的实证基础，培养学生的环保意识和创新能力。通过案例分析、模拟演练等方式，学生能够深入理解低碳经济的理论与实践，为未来投身于绿色低碳事业打下坚实基础。在科研层面，低碳评价指标为学术研究提供了量化依据，推动跨学科研究，如气候变化经济学、环境政策分析等，为政策制定提供科学证据，促进理论与实践的紧密结合。

9. 社会心理与文化层面的影响

低碳评价指标的广泛应用还潜移默化地改变着社会心理与文化。它们作为环境表现的可视化工具,增强了公众对气候变化问题的认识,促进了环保意识的觉醒。随着低碳生活理念的深入人心,消费者开始偏好低碳产品和服务,推动了绿色消费文化的形成。此外,企业通过公开低碳表现,提升了品牌的社会责任感和形象,促进了企业文化的变革,将环境保护融入企业文化之中,形成了以绿色低碳为核心价值观的社会新风尚。

综上,低碳评价指标体系的构建与应用,是推动水利工程建设向低碳模式转型的基石。它不仅关乎环境保护与气候治理,更是关乎经济发展模式的深刻变革和社会福祉的长远提升。随着技术的进步和全球共识的加强,低碳评价指标的完善与应用将更加深入,为实现气候目标和可持续发展愿景奠定坚实的基础。

5.2　评价指标方法

低碳水利工程评价方法采用打分法,总分 100 分。具体而言,首先根据各个指标的重要程度和实际情况,为每个指标设定一定的指标值,然后根据实际情况对每个指标进行打分,最后将各个指标的得分进行汇总,得出总得分。通过对比不同水利工程的总得分,可以直观地了解各个水利工程在低碳化转型方面的表现情况。

5.3　低碳评价体系

低碳水利工程评价指标体系由一级指标和二级指标组成,形成了一个层次分明、结构清晰的评价体系。一级指标主要包括低碳基础设施、低碳能源利用、节能减排、生态环境保护、管理制度与碳绩效等方面,这些方面都是低碳水利工程评价的核心内容。二级指标则是对一级指标的进一步细化,如低碳基础设施可以细化分为新建建筑屋顶光伏覆盖率、新建建筑中绿色建筑比例,低碳能源利用方面可以细化为可再生能源占比、可再生能源利用项目。

具体评价指标和分值见下表。

表 5.1 低碳泵站水利工程评价指标体系

一级指标	二级指标	指标评分标准	总分	指标属性
节能（66分）	设计技术水平（10分）	是否采用 BIM 技术对设计及施工方案进行模拟（2分）	2	一般指标
		是否采用 CFD 技术对泵站进出水流态进行模拟分析（2分）	2	
		是否采用有限元分析技术对泵站结构受力进行分析计算（2分）	2	
		是否对水机、供水、供电、消防等专业进行 BIM 深化设计（2分）	2	
		是否进行数字化交付，提供相关数字模型（2分）	2	
	设计变更数量（2分）	无设计变更（2分）	2	一般指标
		无重大设计变更，一般设计变更不大于 3 项（1分）		
		存在重大设计变更或一般设计变更大于 3 项（0分）		
	水泵效率（15分）	设计工况下水泵效率 $\eta \geqslant 85\%$（15分）	15	核心指标
		$75\% \leqslant$ 设计工况下水泵效率 $\eta < 85\%$（10分）		
		$60\% \leqslant$ 设计工况下水泵效率 $\eta < 75\%$（5分）		
		设计工况下水泵效率 $\eta \leqslant 60\%$（0分）		
	电动机能效（10分）	达到《电动机能效限定值及能效等级》（GB 18613—2020）中规定的 1 级能效（10分）	10	核心指标
		达到《电动机能效限定值及能效等级》（GB 18613—2020）中规定的 2 级能效（7.5分）		
		达到《电动机能效限定值及能效等级》（GB 18613—2020）中规定的 3 级能效（5分）		
		低于《电动机能效限定值及能效等级》（GB 18613—2020）中规定的 3 级能效（0分）		
	变压器能效（5分）	达到《电力变压器能效限定值及能效等级》（GB 20052—2020）中规定的 1 级能效标准（5分）	5	核心指标
		达到《电力变压器能效限定值及能效等级》（GB 20052—2020）中规定的 2 级能效标准（3分）		
		达到《电力变压器能效限定值及能效等级》（GB 20052—2020）中规定的 3 级能效标准（1分）		
		低于《电力变压器能效限定值及能效等级》（GB 20052—2020）中规定的 3 级能效标准（0分）		

一级 指标	二级 指标	指标评分标准	总分	指标 属性
节能 (66分)	自动化 水平 (5分)	完全实现泵站运行数据自动采集、存储、处理和逻辑判断,自动输出相应的告警信息。运行管理达到以机待人、少人值守,管理人员配备水平不高于《水利工程管理单位定岗标准》推荐值的80%(5分)	5	核心 指标
		基本实现泵站运行数据自动采集、存储、处理和逻辑判断,自动输出相应的告警信息。运行管理达到以机待人、少人值守,管理人员配备水平不高于《水利工程管理单位定岗标准》推荐值(2.5分)		
		未实现泵站运行数据自动采集、存储、处理和逻辑判断,自动输出相应的告警信息。运行管理达到以机待人、少人值守,管理人员配备水平高于《水利工程管理单位定岗标准》推荐值(0分)		
	设备 保养 (5分)	建立完善的维护管理制度,定期对机电设备进行维护保养,维护保养经费已落实(5分)	5	一般 指标
		未建立完善的维护管理制度,但定期对机电设备进行维护保养,维护保养经费已落实(2.5分)		
		未建立完善的维护管理制度,未定期对机电设备进行维护保养,维护保养经费未落实(0分)		
	起重及 空调设 备能效 (3分)	起重设备电动机能效达到《电动机能效限定值及能效等级》(GB 18613—2020)中规定的1级能效。 空调能效达到《房间空气调节器能效限定值及能效等级》(GB 21455—2019)中规定的1级能效(3分)	3	一般 指标
		起重设备电动机能效达到《电动机能效限定值及能效等级》(GB 18613—2020)中规定的2级能效。 空调能效达到《房间空气调节器能效限定值及能效等级》(GB 21455—2019)中规定的2级能效(2分)		
		起重设备电动机能效达到《电动机能效限定值及能效等级》(GB 18613—2020)中规定的3级能效。 空调能效达到《房间空气调节器能效限定值及能效等级》(GB 21455—2019)中规定的3级能效(1分)		
		起重设备电动机能效低于《电动机能效限定值及能效等级》(GB 18613—2020)中规定的3级能效。 空调能效低于《房间空气调节器能效限定值及能效等级》(GB 21455—2019)中规定的3级能效(0分)		
	建筑节能 技术应用 (3分)	是否采用了有效的外墙节能材料,如岩棉、玻璃棉、聚苯乙烯泡沫、膨胀珍珠岩、膨胀蛭石、加气混凝土及胶粉聚苯颗粒浆料发泡水泥保温板,等等(1分)	1	一般 指标
		是否采用了有效的门窗节能技术,如中空玻璃、镀(贴)膜玻璃、智能变色玻璃等(1分)	1	
		屋顶是否采用保温隔热材料,如膨胀珍珠岩、玻璃棉、聚苯乙烯泡沫等(1分)	1	

一级指标	二级指标	指标评分标准	总分	指标属性
节能 (66分)	新能源技术应用 (3分)	管理设施用电(除泵站主机外)完全由光伏或风能供电(3分)	3	一般指标
		管理设施用电采用光伏或风能自发电的份额超过30%(2分)		
		无新能源设施(0分)		
	施工方案合理性 (3.5分)	是否采用智慧工地对建设过程进行管理(1分)	1	一般指标
		施工过程是否采用了有效节能节水技术(0.5分)	0.5	
		施工机械设备是否符合《建筑施工机械绿色性能指标与评价方法》(GB/T 38197—2019)相关要求(0.5分)	0.5	
		照明与动力是否采用了节能灯具和设备(0.5分)	0.5	
		是否有有效的废物分类、回收和处理策略(0.5分)	0.5	
		是否有措施减少噪声、空气和水污染(0.5分)	0.5	
	施工工期达标率 (1.5分)	实际工期/计划工期≤0.9(1.5分)	1.5	一般指标
		0.9<实际工期/计划工期≤1.0(1.0分)		
		1.0<实际工期/计划工期≤1.2(0.5分)		
		实际工期/计划工期>1.2(0分)		
节材 (总分4分)	可再生材料利用率 (1分)	混凝土采用满足《混凝土用再生粗骨料》(GB/T 25177—2010)要求的再生骨料(0.5分)	0.5	一般指标
		拆建工程施工中是否对弃土弃渣进行有效利用(0.5分)	0.5	
	施工期支护与永久结构结合水平 (3分)	是否采用有限元分析技术对支护方案进行复核优化(2分)	2	一般指标
		施工期临时支护方案是否与永久结构相结合(0.5分)	0.5	
		无法与永久结构结合的临时支护是否采用可回收材质(0.5分)	0.5	
节水 (总分3分)	非传统水源利用率 (3分)	建筑施工中是否优先采用中水或雨水进行搅拌和养护工作(0.5分)	0.5	一般指标
		现场机具、设备、车辆冲洗、喷洒路面、绿化浇灌等用水是否优先用非传统水源(2分)	2	
		施工现场办公区、生活区的生活用水是否采用节水系统和节水器具(0.5分)	0.5	

一级指标	二级指标	指标评分标准	总分	指标属性
水保与环保（总分27分）	水土保持措施（19分）	水土保持相关措施是否与主体工程同时设计、同时施工、同时验收（5分）	5	核心指标
		除房屋、道路外，永久占用陆地面积绿化百分比≥90%（10分）	10	核心指标
		80%≤除房屋、道路外，永久占用陆地面积绿化百分比＜90%（8分）		
		70%≤除房屋、道路外，永久占用陆地面积绿化百分比＜80%（6分）		
		60%≤除房屋、道路外，永久占用陆地面积绿化百分比＜70%（4分）		
		除房屋、道路外，永久占用陆地面积绿化百分比＜60%（0分）		
		施工过程中临时占地是否尽量避开耕地、林地（2分）	2	一般指标
		临时占地施工完成后是否复耕（1分）	1	一般指标
		工地进出口是否安装车辆冲洗台，所有车辆都能经过冲洗（1分）	1	一般指标
	环保措施（8分）	泵站运行噪声水平低于30分贝（5分）	5	核心指标
		泵站运行噪声水平介于30分贝至50分贝之间（4分）		
		泵站运行噪声水平介于50分贝至70分贝之间（3分）		
		泵站运行噪声水平介于70分贝至90分贝之间（2分）		
		泵站运行噪声水平高于90分贝（0分）		
		泵站工程是否安装清污机并有效运行（2分）	2	一般指标
		清污机运行垃圾是否安排人员定期清理（1分）	1	一般指标

表 5.2 低碳水闸水利工程评价指标体系

一级指标	二级指标	指标评分标准	总分	指标属性
节能（65分）	设计技术水平（12分）	是否采用BIM技术对设计及施工方案进行模拟（3分）	3	一般指标
		是否采用CFD技术对水闸进出水流态进行模拟分析（2分）	2	
		是否采用有限元分析技术对水闸结构受力进行模拟分析（3分）	3	
		是否对水机、供水、供电、消防等进行BIM深化设计（2分）	2	
		是否进行数字化交付，提供相关数字模型（2分）	2	
	设计变更数量（5分）	无设计变更（5分）	5	一般指标
		无重大设计变更，一般设计变更不大于3项（3分）		
		存在重大设计变更或一般设计变更大于3项（0分）		

续表

一级指标	二级指标	指标评分标准	总分	指标属性
节能（65 分）	闸门电动机能效（3 分）	达到《电动机能效限定值及能效等级》（GB 18613—2020）中规定的 1 级能效（3 分）	3	核心指标
		达到《电动机能效限定值及能效等级》（GB 18613—2020）中规定的 2 级能效（2 分）		
		达到《电动机能效限定值及能效等级》（GB 18613—2020）中规定的 3 级能效（1 分）		
		低于《电动机能效限定值及能效等级》（GB 18613—2020）中规定的 3 级能效（0 分）		
	自动化水平（15 分）	完全实现水闸运行数据自动采集、存储、处理和逻辑判断，自动输出相应的告警信息。运行管理达到以机待人、少人值守，管理人员配备水平不高于《水利工程管理单位定岗标准》推荐值的 80%（15 分）	15	核心指标
		基本实现水闸运行数据自动采集、存储、处理和逻辑判断，自动输出相应的告警信息。运行管理达到以机待人、少人值守，管理人员配备水平不高于《水利工程管理单位定岗标准》推荐值（10 分）		
		未实现水闸运行数据自动采集、存储、处理和逻辑判断，自动输出相应的告警信息。运行管理达到以机待人、少人值守，管理人员配备水平高于《水利工程管理单位定岗标准》推荐值（0 分）		
	设备保养（10 分）	建立完善的维护管理制度，定期对机电设备进行维护保养，维护保养经费已落实（10 分）	10	一般指标
		未建立完善的维护管理制度，但定期对机电设备进行维护保养，维护保养经费已落实（6 分）		
		未建立完善的维护管理制度，未定期对机电设备进行维护保养，维护保养经费未落实（0 分）		
	起重设备能效（3 分）	起重设备电动机能效达到《电动机能效限定值及能效等级》（GB 18613—2020）中规定的 1 级能效	3	一般指标
		起重设备电动机能效达到《电动机能效限定值及能效等级》（GB 18613—2020）中规定的 2 级能效		
		起重设备电动机能效达到《电动机能效限定值及能效等级》（GB 18613—2020）中规定的 3 级能效		
		起重设备电动机能效低于《电动机能效限定值及能效等级》（GB 18613—2020）中规定的 3 级能效		
	建筑节能技术应用（3 分）	是否采用了有效的外墙节能材料，如岩棉、玻璃棉、聚苯乙烯泡沫、膨胀珍珠岩、膨胀蛭石、加气混凝土及胶粉聚苯颗粒浆料发泡水泥保温板，等等（1 分）	1	一般指标
		是否采用了有效的门窗节能技术，如中空玻璃、镀（贴）膜玻璃、智能变色玻璃等（1 分）	1	
		屋顶是否采用保温隔热材料，如膨胀珍珠岩、玻璃棉、聚苯乙烯泡沫等（1 分）	1	

续表

一级指标	二级指标	指标评分标准	总分	指标属性
节能 (65分)	新能源技术应用 (5分)	管理设施理用电完全由光伏或风能供电(5分)	5	一般指标
		管理设施用电采用光伏或风能自发电的份额超过30%(3分)		
		无新能源设施(0分)		
	施工方案合理性 (5分)	是否采用智慧工地对建设过程进行管理(2分)	2	一般指标
		施工过程是否采用了有效节能节水技术(1分)	1	
		施工机械设备是否符合《建筑施工机械绿色性能指标与评价方法》(GB/T 38197—2019)相关要求(0.5分)	0.5	
		照明与动力是否采用了节能灯具和设备(0.5分)	0.5	
		是否有有效的废物分类、回收和处理策略(0.5分)	0.5	
		是否有措施减少噪声、空气和水污染(0.5分)	0.5	
	施工工期达标率 (4分)	实际工期/计划工期≤0.9(4分)	4	一般指标
		0.9<实际工期/计划工期≤1.0(3分)		
		1.0<实际工期/计划工期≤1.2(2分)		
		实际工期/计划工期>1.2(0分)		
节材 (总分6分)	可再生材料利用率 (2分)	混凝土采用满足《混凝土用再生粗骨料》(GB/T 25177—2010)要求的再生骨料(1分)	1	一般指标
		拆建工程施工中是否对弃土弃渣进行有效利用(0.5分)	1	
	施工期支护与永久结构结合水平 (4分)	是否采用有限元分析技术对支护方案进行复核优化(2分)	2	一般指标
		施工期临时支护方案是否与永久结构相结合(1分)	1	
		无法与永久结构结合的临时支护是否采用可回收材质(1分)	1	
节水 (总分5分)	非传统水源利用率	建筑施工中是否优先采用中水或雨水进行搅拌和养护工作(1分)	1	一般指标
		现场机具、设备、车辆冲洗、喷洒路面、绿化浇灌等用水是否优先采用非传统水源(2分)	2	
		施工现场办公区、生活区的生活用水是否采用节水系统和节水器具(2分)	2	

续表

一级 指标	二级 指标	指标评分标准	总分	指标 属性
水保 环保 (总分 24分)	水保环保 措施 (24分)	水土保持相关措施是否与主体工程同时设计、同时施工、同时验收 (5分)	5	核心 指标
		除房屋、道路外,永久占用陆地面积绿化百分比≥90%(13分)	13	核心 指标
		80%≤除房屋、道路外,永久占用陆地面积绿化百分比<90% (10分)		
		70%≤除房屋、道路外,永久占用陆地面积绿化百分比<80% (7分)		
		60%≤除房屋、道路外,永久占用陆地面积绿化百分比<70% (4分)		
		除房屋、道路外,永久占用陆地面积绿化百分比<60%(0分)		
		施工过程中临时占地是否尽量避开耕地、林地(3分)	3	一般 指标
		临时占地施工完成后是否复耕(2分)	2	一般 指标
		工地进出口是否安装车辆冲洗台,所有车辆都能经过冲洗(1分)	1	一般 指标

5.4 评价流程

5.4.1 准备阶段

a. 水利工程项目管理单位准备低碳水利工程评价材料;

b. 水利工程项目管理单位应委托有能力的第三方机构开展低碳水利工程评价工作。

5.4.2 评价阶段

第三方机构根据温室气体排放核算相关指南要求与相关规定的评价指标,核算并编写低碳水利工程评价报告。报告包括但不限于以下内容:

a. 水利工程基本信息;

b. 水利工程运营期间温室气体核算边界、范围、排放量等;

c. 水利工程施工、运营期间,减排实现情况和减排策略;

d. 水利工程温室气体的减排方式及减排量核算;

e. 评价结论。

5.5　评价结果

5.5.1　评价分级

经过综合评估,将水利工程的绿色低碳水平评价等级划分为三个阶段,每个阶段对应一个明确的级别。具体评价得分及等级划分如下。

A. 初级阶段:得分在 60～75 分之间,表明工程碳减排处于起步阶段,各项建设和管理降碳措施尚待完善。

B. 中级阶段:得分在 75～90 分之间,表明工程碳减排已取得相当进展,但仍有提升空间,需要继续加强管理和技术创新。

C. 高级阶段:得分在 90 分以上,表明工程碳减排已达到较高水平,各项建设和管理降碳措施已相当成熟,具有显著的低碳环保效益。

表 5.3　低碳水利工程评价等级

阶段	分值	级别	特征
初级阶段	60 分≤S＜75 分	起步阶段	各项建设和管理措施尚待完善
中级阶段	75 分≤S＜90 分	已取得一定进展	各项建设和管理措施已较为成熟
高级阶段	90 分≤S≤100 分	已达到较高水平	各项建设和管理措施已相当成熟

5.5.2　评价证书

根据相关规定进行低碳水利工程创建评价,评价结果或证书由相关组织颁发。

附录 A 能源碳排放因子

化石燃料碳排放因子按下表选取。

分类	燃料类型	单位热值含碳量 (tC/TJ)	碳氧化率 (%)	单位热值 CO_2 排放因子 (tCO₂/TJ)
固体燃料	无烟煤	27.4	0.94	94.44
	烟煤	26.1	0.93	89.00
	褐煤	28.0	0.96	98.56
	炼焦煤	25.4	0.98	91.27
	型煤	33.6	0.90	110.88
	焦炭	29.5	0.93	100.60
	其他焦化产品	29.5	0.93	100.60
液体燃料	原油	20.1	0.98	72.23
	燃料油	21.1	0.98	75.82
	汽油	18.9	0.98	67.91
	柴油	20.2	0.98	72.59
	喷气煤油	19.5	0.98	70.07
	一般煤油	19.6	0.98	70.43
	NGL 天然气凝液	17.2	0.98	61.81
	LPG 液化石油气	17.2	0.98	61.81
	炼厂干气	18.2	0.98	65.40
	石脑油	20.0	0.98	71.87
	沥青	22.0	0.98	79.05
	润滑油	20.0	0.98	71.87
	石油焦	27.5	0.98	98.82
	石化原料油	20.0	0.98	71.87
	其他油品	20.0	0.98	71.87
气体燃料	天然气	15.3	0.99	55.54

注:该数据引用自《建筑碳排放计算标准》(GB/T 51366—2019)。

附录 B 常用施工机械台班能源用量

常用施工机械的单位台班能源消耗量可按下表选用。

序号	机械名称	性能规格		能源用量		
				汽油 (kg)	柴油 (kg)	电 (kWh)
1	履带式 推土机	功率	75 kW	—	56.50	—
2			105 kW	—	60.80	
3			135 kW		66.80	
4	履带式 单斗液压挖掘机	斗容量	0.6 m³	—	33.68	—
5			1 m³	—	63.00	—
6	轮胎式装载机	斗容量	1 m²	—	52.73	—
7			1.5 m³	—	58.75	—
8	钢轮内燃 压路机	工作质量	8 t	—	19.79	—
9			15 t		42.95	
10	电动夯实机	夯击能量	250 N·m	—	—	16.60
11	强夯机械	夯击能量	1 200 kN·m	—	32.75	—
12			2 000 kN·m	—	42.76	
13			3 000 kN·m		55.27	
14			4 000 kN·m		58.22	
15			5 000 kN·m		81.44	
16	锚杆钻孔机	锚杆直径	32 mm	—	69.72	
17	履带式柴油 打桩机	冲击质量	2.5 t	—	44.37	—
18			3.5 t	—	47.94	—
19			5 t		53.93	—
20			7 t		57.40	
21			8 t		59.14	
22	轨道式柴油 打桩机	冲击质量	3.5 t	—	56.90	—
23			4 t		61.70	
24	步履式柴油 打桩机	功率	60 kW	—	—	336.87

续表

序号	机械名称	性能规格		能源用量		
				汽油(kg)	柴油(kg)	电(kWh)
25	振动沉拔桩机	激振力	300 kN	—	17.43	—
26			400 kN	—	24.90	—
27	静力压桩机	压力	900 kN	—	—	91.81
28			2 000 kN	—	77.76	—
29			3 000 kN	—	85.26	—
30			4 000 kN	—	96.25	—
31	汽车式钻机	孔径	1 000 mm	—	48.80	—
32	回旋钻机	孔径	800 mm	—	—	142.5
33			1 000 mm	—	—	163.72
34			1 500 mm	—	—	190.72
35	螺旋钻机	孔径	600 mm	—	—	181.27
36	冲孔钻机	孔径	1 000 mm	—	—	40.00
37	履带式旋挖钻机	孔径	1 000 mm	—	146.56	—
38			1 500 mm	—	164.32	—
39			2 000 mm	—	172.32	—
40	三轴搅拌桩基	轴径	650 mm	—	—	126.42
41			850 mm	—	—	156.42
42	电动灌浆机	—	—	—	—	16.20
43	履带式起重机	提升质量	5 t	—	18.42	—
44			10 t	—	23.56	—
45			15 t	—	29.52	—
46			20 t	—	30.75	—
47			25 t	—	36.98	—
48			30 t	—	41.61	—
49			40 t	—	42.46	—
50			50 t	—	44.03	—
51			60 t	—	47.17	—
52	轮胎式起重机	提升质量	25 t	—	46.26	—
53			40 t	—	62.76	—
54			50 t	—	64.76	—

续表

序号	机械名称	性能规格		能源用量		
				汽油（kg）	柴油（kg）	电（kWh）
55	汽车式起重机	提升质量	8 t	—	28.43	—
56			12 t	—	30.55	—
57			16 t	—	35.85	—
58			20 t	—	38.41	—
59			30 t	—	42.14	—
60			40 t	—	48.52	—
61	叉式起重机	提升质量	3 t	26.46	—	—
62	自升式塔式起重机	提升质量	400 t	—	—	164.31
63			600 t	—	—	166.29
64			800 t	—	—	169.16
65			1 000 t	—	—	170.02
66			2 500 t	—	—	266.04
67			3 000 t	—	—	295.60
68	门式起重机	提升质量	10 t	—	—	88.29
69	载重汽车	装载质量	4 t	25.48	—	—
70			6 t	—	33.24	—
71			8 t	—	35.49	—
72			12 t	—	46.27	—
73			15 t	—	56.74	—
74			20 t	—	62.56	—
75	自卸汽车	装载质量	5 t	31.34	—	—
76			15 t	—	52.93	—
77	平板拖车组	装载质量	20 t	—	45.39	—
78	机动翻斗车	装载质量	1 t	—	6.03	—
79	洒水车	灌容量	4 000 L	30.21	—	—
80	泥浆罐车	灌容量	5 000 L	31.57	—	—
81	电动单筒快速卷扬机	牵引力	10 kN	—	—	32.90
82	电动单筒慢速卷扬机	牵引力	10 kN	—	—	126.00
83			30 kN	—	—	28.76

续表

序号	机械名称	性能规格			能源用量		
					汽油（kg）	柴油（kg）	电（kWh）
84	单笼施工电梯	提升质量1 t	提升高度	75 m	—	—	42.32
85				100 m	—	—	45.66
86	双笼施工电梯	提升质量2 t		100 m	—	—	81.86
87				200 m	—	—	159.94
88	平台作业升降车	提升高度		20 m	—	48.25	—
89	涡桨式混凝土搅拌机	出料容量		250 L	—	—	34.10
90				500 L	—	—	107.71
91	双锥反转出料混凝土搅拌机	出料容量		500 L	—	—	55.04
92	混凝土输送泵	输送量		45 m³/h	—	—	243.46
93				75 m³/h	—	—	367.96
94	混凝土湿喷机	生产率		5 m³/h	—	—	15.40
95	灰浆搅拌机	拌筒容量		200 L	—	—	8.61
96	干混砂浆罐式搅拌机	公称储量		20 000 L	—	—	28.51
97	挤压式灰浆输送泵	输送量		3 m³/h	—	—	23.70
98	偏心振动筛	生产率		16 m³/h	—	—	28.60
99	混凝土抹平机	功率		5.5 kW	—	—	23.14
100	钢筋切断机	直径		40 mm	—	—	32.10
101	钢筋弯曲机	直径		40 mm	—	—	12.80
102	预应力钢筋拉伸机	拉伸力		650 kN	—	—	17.25
103				900 kN	—	—	29.16
104	木工圆锯机	直径		500 mm	—	—	24.00
105	木工平刨床	刨削宽度		500 mm	—	—	12.90
106	木工三面压刨床	刨削宽度		400 mm	—	—	52.40
107	木工榫机	榫头长度		160 mm	—	—	27.00
108	木工打眼机	榫槽宽度		—	—	—	4.7
109	普通车床	工件直径×工件长度		400 mm×2 000 mm	—	—	22.77
110	摇臂钻床	钻孔直径		50 mm	—	—	9.87
111				63 mm	—	—	17.07
112	锥形螺纹车丝机	直径		45 mm	—	—	9.24

续表

序号	机械名称	性能规格		能源用量		
				汽油（kg）	柴油（kg）	电（kWh）
113	螺栓套丝机	直径 mm	—	—	—	25.00
114	板料校平机	厚度×宽度	16 mm×2 000 mm	—	—	120.60
115	刨边机	加工长度	12 000 mm	—	—	75.90
116	半自动切割机	厚度	100 mm	—	—	98.00
117	自动仿形切割机	厚度	60 mm	—	—	59.35
118	管子切断机	管径	150 mm	—	—	12.90
119			250 mm	—	—	22.50
120	型钢剪断机	剪断宽度	500 mm	—	—	53.20
121	型钢矫正机	厚度×宽度	60 mm×800 mm	—	—	64.20
122	电动弯管机	管径	108 mm	—	—	32.10
123	液压弯管机	管径	60 mm	—	—	27.00
124	空气锤	锤体质量	75 kg	—	—	24.20
125	摩擦压力机	压力	3 000 kN	—	—	96.50
126	开式可倾压力机	压力	1 250 kN	—	—	35.00
127	钢筋挤压连接机	直径	—	—	—	15.94
128	电动修钉机	—	—	—	—	100.80
129	岩石切割机	功率	3 kW	—	—	11.28
130	平面水磨机	功率	3kW	—	—	14.00
131	喷砂除锈机	能力	3 m³/min	—	—	28.41
132	抛丸除锈机	直径	219 mm	—	—	34.26
133	内燃单级离心清水泵	出口直径	50 mm	3.36	—	—
134	电动多级离心清水泵	出口直径100 mm	扬程120 m 以下	—	—	180.4
135		出口直径150 mm	扬程180 m 以下	—	—	302.60
136		出口直径200 mm	扬程280 m 以下	—	—	354.78
137	泥浆泵	出口直径	50 mm	—	—	40.90
138		出口直径	100 mm	—	—	234.60
139	潜水泵	出口直径	50 mm	—	—	20.00
140			100 mm	—	—	25.00
141	高压油泵	压力	80 MPa	—	—	209.67

序号	机械名称	性能规格		能源用量		
				汽油 (kg)	柴油 (kg)	电 (kWh)
142	交流弧焊机	容量	21 kV·A	—	—	60.27
143		容量	32 kV·A	—	—	96.53
144			40 kV·A	—	—	132.23
145	点焊机	容量	75 kV·A	—	—	154.63
146	对焊机	容量	75 kV·A	—	—	122.00
147	氩弧焊机	电流	500 A	—	—	70.70
148	二氧化碳气体保护焊机	电流	250 A	—	—	24.50
149	电渣焊机	电流	1 000 A	—	—	147.00
150	电焊条烘干箱	容量	$45 \times 35 \times 45 (cm^3)$	—	—	6.70
151	电动空气压缩机	排气量	0.3 m^3/min	—	—	16.10
152			0.6 m^3/min	—	—	24.20
153			1 m^3/min	—	—	40.30
154			3 m^3/min	—	—	107.50
155			6 m^3/min	—	—	215.00
156			9 m^3/min	—	—	350.00
157			10 m^3/min	—	—	403.20
158	导杆式液压抓斗成槽机	—	—	—	163.39	—
159	超声波侧壁机	—	—	—	—	36.85
160	泥浆制作循环设备	—	—	—	—	503.90
161	锁扣管顶升机	—	—	—	—	64.00
162	工程地质液压钻机	—	—	—	30.80	—
163	轴流通风机	功率	7.5 kW	—	—	40.30
164	吹风机	能力	4 m^3/min	—	—	6.98
165	井点降水钻机	—	—	—	—	5.70

附录 C 建材碳排放因子

建筑材料碳排放因子按下表选取。

建筑材料类别	建筑材料碳排放因子
普通硅酸盐水泥(市场平均)	735 kg CO_2 e/t
C30 混凝土	295 kg CO_2 e/m³
C50 混凝土	385 kg CO_2 e/m³
石灰生产(市场平均)	1 190 kg CO_2 e/t
消石灰(熟石灰、氢氧化钙)	747 kg CO_2 e/t
天然石膏	32.8 kg CO_2 e/t
砂($f=1.6\sim3.0$)	2.51 kg CO_2 e/t
碎石($d=10$ mm~30 mm)	2.18 kg CO_2 e/t
页岩石	5.08 kg CO_2 e/t
黏土	2.69 kg CO_2 e/t
混凝土砖(240 mm×115 mm×90 mm)	336 kg CO_2 e/m³
蒸压粉煤灰砖(240 mm×115 mm×53 mm)	341 kg CO_2 e/m³
烧结粉煤灰实心砖(240 mm×115 mm×53 mm,掺入量为 50%)	134 kg CO_2 e/m³
页岩实心砖(240 mm×115 mm×53 mm)	292 kg CO_2 e/m³
页岩空心砖(240 mm×115 mm×53 mm)	204 kg CO_2 e/m³
黏土空心砖(240 mm×115 mm×53 mm)	250 kg CO_2 e/m³
煤矸石实心砖(240 mm×115 mm×53 mm,掺入量为 90%)	22.8 kg CO_2 e/m³
煤矸石空心砖(240 mm×115 mm×53 mm,掺入量为 90%)	16.0 kg CO_2 e/m³
炼钢生铁	1 700 kg CO_2 e/t
铸造生铁	2 280 kg CO_2 e/t
炼钢用铁合金(市场平均)	9 530 kg CO_2 e 人
转炉碳钢	1 990 kg CO_2 e/t

续表

建筑材料类别		建筑材料碳排放因子
电炉碳钢		3 030 kg CO_2 e/t
普通碳钢(市场平均)		2 050 kg CO_2 e/t
热轧碳钢小型型钢		2 310 kg CO_2 e/t
热轧碳钢中型型钢		2 365 kg CO_2 e/t
热轧碳钢大型轨梁(方圆坯、管坯)		2 340 kg CO_2 e/t
热轧碳钢大型轨梁(重轨、普通型钢)		2 380 kg CO_2 e/t
热轧碳钢中厚板		2 400 kg CO_2 e/t
热轧碳钢 H 钢		2 350 kg CO_2 e/t
热轧碳钢宽带钢		2 310 kg CO_2 e/t
热轧碳钢钢筋		2 340 kg CO_2 e/t
热轧碳钢高线材		2 375 kg CO_2 e/t
热轧碳钢棒材		2 340 kg CO_2 e/t
螺旋埋弧焊管		2 520 kg CO_2 e/t
大口径埋弧焊直缝钢管		2 430 kg CO_2 e/t
焊接直缝钢管		2 530 kg CO_2 e/t
热轧碳钢无缝钢管		3 150 kg CO_2 e/t
冷轧冷拔碳钢无缝钢管		3 680 kg CO_2 e/t
碳钢热镀锌板卷		3 110 kg CO_2 e/t
碳钢电镀锌板卷		3 020 kg CO_2 e/t
碳钢电镀锡板卷		2 870 kg CO_2 e/t
酸洗板卷		1 730 kg CO_2 e/t
冷轧碳钢板卷		2 530 kg CO_2 e/t
冷硬碳钢板卷		2 410 kg CO_2 e/t
平板玻璃		1 130 kg CO_2 e/t
电解铝(全国平均电网电力)		20 300 kg CO_2 e/t
铝板带		28 500 kg CO_2 e/t
断桥铝合金窗	100%原生铝型材	254 kg CO_2 e/m²
	原生铝：再生铝＝7：3	194 kg CO_2 e/m²

续表

建筑材料类别		建筑材料碳排放因子
铝木复合窗	100%原生铝型材	147 kg CO_2 e/m²
	原生铝∶再生铝＝7∶3	122.5 kg CO_2 e/m²
铝塑共挤窗		129.5 kg CO_2 e/m²
塑钢窗		121 kg CO_2 e/m²
无规共聚聚丙烯管		3.72 kg CO_2 e/kg
聚乙烯管		3.60 kg CO_2 e/kg
硬聚氯乙烯管		7.93 kg CO_2 e/kg
聚苯乙烯泡沫板		5 020 kg CO_2 et
岩棉板		1 980 kg CO_2 e/t
硬泡聚氨酯板		5 220 kg CO_2 e/t
铝塑复合板		8.06 kg CO_2 e/m²
铜塑复合板		37.1 kg CO_2 e/m²
铜单板		218 kg CO_2 e/m²
普通聚苯乙烯		4 620 kg CO_2 e/t
线性低密度聚乙烯		1 990 kg CO_2 e/t
高密度聚乙烯		2 620 kg CO_2 e/t
低密度聚乙烯		2 810 kg CO_2 e/t
聚氯乙烯(市场平均)		7 300 kg CO_2 e/t
自来水		0.168 kg CO_2 e/t

附录 D 泵站碳排放计算示例

泵站全生命周期通常包括建材生产阶段、建材运输阶段、施工阶段、运维阶段和拆除回收等阶段。其中,建材生产阶段碳排放量主要来源于生产建筑材料所产生的碳排放;建材运输阶段碳排放量主要来源于运输工具运输建筑材料到施工工地产生的碳排放;施工阶段碳排放量主要来源于施工过程中的能源消耗和材料处理所产生的碳排放;运维阶段碳排放量主要来源于建筑投入使用后的能源消耗和建筑运行过程中的日常维护和设备更换等产生的碳排放;拆除回收阶段碳排放量主要来源于建筑拆除和处理废弃建材过程中产生的碳排放。

1. 建材生产阶段碳排放计算

泵站所使用的建筑材料种类和数量如下表所示。

序号	建材名称	使用数量	单位
1	水泥	25 000	t
2	黄沙	28 000	t
3	碎石	48 000	t
4	木材	250	m^3
5	钢筋	2 800	t

查询相关排放因子数据库,获取到上述建材生产的排放因子如下表所示。

序号	建材名称	排放因子	单位
1	水泥	0.83	$t\ CO_2/t$
2	黄沙	0.011 3	$t\ CO_2/t$
3	碎石	2.18	$t\ CO_2/t$
4	木材	0.41	$t\ CO_2/m^3$
5	钢筋	2.22	$t\ CO_2/t$

建材生产阶段碳排放计算如下表。

序号	建材名称	使用数量	排放因子	排放量（t CO$_2$）
1	水泥	25 000 t	0.83 t CO$_2$/t	20 750
2	黄沙	28 000 t	0.011 3 t CO$_2$/t	316.4
3	碎石	48 000 t	2.18 t CO$_2$/t	104 640
4	木材	250 m^3	0.41 t CO$_2$/m^3	102.5
5	钢筋	2 800 t	2.22 t CO$_2$/t	6 216
合计				132 025

2. 建材运输阶段碳排放量计算

建材运输距离信息如下表。

序号	建材名称	运输距离	单位
1	水泥	100	km
2	黄沙	50	km
3	碎石	350	km
4	木材	210	km
5	钢筋	300	km

查询相关排放因子数据库，获取到上述建材运输的排放因子如下表所示。

序号	建材名称	排放因子	单位
1	水泥	0.049	kg CO$_2$/t·km
2	黄沙	0.049	kg CO$_2$/t·km
3	碎石	0.049	kg CO$_2$/t·km
4	木材	0.049	kg CO$_2$/t·km
5	钢筋	0.049	kg CO$_2$/t·km

建材运输阶段碳排放计算如下表。

序号	建材名称	运输数量(t)	运输距离(km)	排放因子 (kg CO$_2$/t·km)	排放量(t CO$_2$)
1	水泥	25 000	100	0.049	122.5

序号	建材名称	运输数量(t)	运输距离(km)	排放因子 (kg CO$_2$/t·km)	排放量(t CO$_2$)
2	黄沙	28 000	50	0.049	68.6
3	碎石	48 000	350	0.049	823.2
4	木材	200	210	0.049	2.1
5	钢筋	2 800	300	0.049	41.2
合计					1 058

3. 施工阶段碳排放量计算

施工阶段能源消耗信息如下表。

序号	能源名称	使用数量	单位
1	电力	1 602 500	kWh
2	柴油	475	t

查询相关排放因子数据库,获取到上述施工阶段能源的排放因子如下表所示。

序号	能源名称	排放因子/低位发热量	单位
1	电力	0.645 1	kg CO$_2$/kWh
2	柴油	42.652	GJ/t

施工阶段碳排放计算如下表。

序号	能源名称	消耗量(kWh)	排放因子(kg CO$_2$/kWh)		排放量(t CO$_2$)
1	电力	1 602 500	0.645 1		1 033.77
序号	能源名称	消耗量(t)	低位发热量 (GJ/t)	单位热值含碳量 (t C/GJ)	排放量(t CO$_2$)
2	柴油	475	42.652	0.020 2	1 470.66
合计					2 504

4. 运维阶段碳排放量计算

泵站运维阶段碳排放量主要来源于机电设备的持续运行、照明系统的日常使用、管理用房等各类能源消耗,以及维修和更换部件也产生一定的碳排放。

泵站运维阶段能源消耗情况和维护阶段设备更换情况如下表。

运维阶段		能源名称		消耗量
	运营阶段	电力		2 000 000 kWh
		天然气		100 000 m³
	维护阶段	设备名称	每次更换数量	更换次数
		阀门	10	4
		水泵	5	4
		电动机	5	4
		压力表	10	4

查询相关排放因子数据库,获取到运维阶段的排放因子如下表所示。

运维阶段		能源名称	排放因子
	运营阶段	电力	0.645 1 kg CO_2/kWh
		天然气	21.65 t CO_2/万 m³
	维护阶段	设备名称	排放因子
		阀门	3 kg CO_2/件
		水泵	600 kg CO_2/台
		电动机	350 kg CO_2/台
		压力表	4 kg CO_2/件

运维阶段碳排放计算如下表。

运维阶段		能源名称	消耗量	排放因子	排放量(t CO_2)
	运营阶段	电力	2 000 000 kWh	0.645 1 kg CO_2/kWh	1 290.2
		天然气	10 万 m³	21.65 t CO_2/万 m³	216.5
	维护阶段	设备名称	消耗量	排放因子	排放量(t CO_2)
		阀门	40 件	3 kg CO_2/件	0.12
		水泵	20 台	600 kg CO_2/台	12
		电动机	20 台	350 kg CO_2/台	7
		压力表	40 件	4 kg CO_2/件	0.16
合计					1 526

5. 拆除回收阶段碳排放量计算

泵站拆除回收阶段碳排放量主要来源于拆除施工产生的碳排放。

泵站拆除回收阶段消耗的能源情况如下表所示。

序号	能源名称	使用数量	单位
1	电力	6 000	kWh
2	柴油	5	t

查询相关排放因子数据库,获取到上述拆除回收阶段的排放因子如下表所示。

序号	能源名称	排放因子/低位发热量	单位
1	电力	0.645 1	kg CO_2/kWh
2	柴油	42.652	GJ/t

拆除回收阶段碳排放计算如下表。

序号	能源名称	消耗量(kWh)	排放因子(kg CO_2/kWh)		排放量(t CO_2)
1	电力	6 000	0.645 1		3.87
序号	能源名称	消耗量(t)	低位发热量(GJ/t)	单位热值含碳量(t C/GJ)	排放量(t CO_2)
2	柴油	5	42.652	0.020 2	15.48
合计					19

泵站全生命周期各个阶段碳排放量统计表如下。

	建材生产阶段	建材运输阶段	施工阶段	运维阶段	拆除回收阶段	合计
排放量(t CO_2)	132 025	1 058	2 504	1 526	19	137 132

该泵站的全生命周期碳排放量为 137 132 t CO_2。

附录 E 泵站碳减排核算示例

在泵站全生命周期各阶段可通过采取相应措施或技术以达到碳减排的目的。其中建材运输阶段可以使用纯电动重卡进行运输，施工阶段可以采取使用低碳混凝土、装配式建筑、电动机械设备等减排措施，运维阶段可以采取使用 CFD 技术、高效率水泵、光伏板发电等减排措施，拆除回收阶段可以采取使用电动机械设备、对建筑材料回收再利用等减排措施。下面将对这些措施或技术的减排量进行量化核算。

1. 建材运输阶段

建材运输阶段可以使用纯电动重卡进行运输，有研究表明使用电动重卡碳排放量比使用柴油卡车至少降低 63%，若某泵站建材运输使用柴油卡车碳排放量为 1 000 吨，则使用电动重卡排放量为 370 吨，可以减少排放 630 吨。

	柴油卡车碳排放量($t\,CO_2$)	电动重卡碳排放量($t\,CO_2$)	碳减排量($t\,CO_2$)
建材运输阶段	1 000	370	630

2. 施工阶段

施工阶段使用低碳混凝土，相比较使用普通混凝土可以使碳排放量减少 32%。如某泵站施工阶段使用普通混凝土排放二氧化碳 1 000 吨，则使用低碳混凝土排放量为 680 吨，可以减少 320 吨。采用装配式建筑能大幅节省水、能源和钢材等用量，在全生命周期内装配式建筑可降低碳排放超过 40%。如施工阶段使用钢材等建筑材料产生碳排放量 1 000 吨，则使用装配式建筑的碳排放量为 600 吨，可以减少 400 吨。相对于传统燃油机械，新能源工程机械不仅具有经济性，还可以减少碳排放量，比传统燃料驱动的工程机械产生的碳排放少 20% 至 50%。如在施工阶段使用传统燃油机械产生 1 000 吨二氧化碳，则使用新能源工程机械产生约 650 吨二氧化碳。

	普通混凝土碳排放量($t\,CO_2$)	低碳混凝土碳排放量($t\,CO_2$)	碳减排量($t\,CO_2$)
建材运输阶段	1 000	680	320
	使用普通建材碳排放量($t\,CO_2$)	使用装配式建筑碳排放量($t\,CO_2$)	碳减排量($t\,CO_2$)
	1 000	600	400
	使用燃油机械碳排放量($t\,CO_2$)	使用新能源机械碳排放量($t\,CO_2$)	碳减排量($t\,CO_2$)
	1 000	650	350

3. 运维阶段

运维阶段可以采取使用 CFD 技术、高效率水泵、光伏板发电等减排措施。CFD 技术能够模拟和预测流体流动,可减少水量损失、提高水力效率,从而降低能耗,使用 CFD 技术在输送相同水量所需消耗的能源更少,在水利工程中应用 CFD 技术可以节省电量 8% 左右;使用高效率泵站可节约电量 15% 左右,使用光伏板发电可以有效减少对电网电量的依赖,对降低碳排放量具有显著效果。

	未使用 CFD 技术碳排放量(t CO_2)	使用 CFD 技术碳排放量(t CO_2)	碳减排量(t CO_2)
运维阶段	1 000	920	80
	使用普通水泵碳排放量(t CO_2)	使用高效率水泵碳排放量(t CO_2)	碳减排量(t CO_2)
	1 000	850	150
	使用电网电力碳排放量(t CO_2)	使用光伏电量碳排放量(t CO_2)	碳减排量(t CO_2)
	1 000	0	1 000

4. 拆除回收阶段

在拆除回收阶段采取使用新能源工程机械设备、对建筑材料回收再利用等措施可达到减排效果。相对于传统燃油机械,新能源工程机械不仅具有经济性,还可以减少碳排放量,比传统燃料驱动的工程机械产生的碳排放少 20% 至 50%;有研究表明,回收和再利用建筑材料能减少 77% 的碳排放量。

	使用燃油机械碳排放量(t CO_2)	使用新能源机械碳排放量(t CO_2)	碳减排量(t CO_2)
拆除回收阶段	1 000	650	350
	未回收利用建筑材料碳排放量(t CO_2)	回收利用建筑材料碳排放量(t CO_2)	碳减排量(t CO_2)
	1 000	230	770